科学教育译丛

主编 王恩科 主审 钟南山

开发物理学批判性思维：
批判的养成训练

L'Apprentissage de la critique：Développer
l'analyse critique en physique

〔法〕洛朗斯·维耶诺（Laurence Viennot）
〔法〕尼古拉·德康（Nicolas Décamp）   著

王恩科 邢宏喜 肖 洋 郭星雨 译

科 学 出 版 社
北 京

图字：01-2024-5858

内 容 简 介

本书探讨了物理教育中批判性思维的培养，强调在掌握知识的同时保持质疑和分析能力，理解科学知识的适用范围。书中系统分析了如何在理解物理概念与保持批判性思维之间取得平衡，揭示批判性思维的形成机制与影响因素，并提供教学策略和实践建议，助力教师引导学生在理解与批判中交替推进，深化物理认知、提升科学素养。

本书适合科学教育研究人员、教师及师范生，尤其适合希望培养学生批判性思维能力的教育工作者。

法文版译文

L'apprentissage de la critique. Développer l'analyse critique en physique

de Laurence Viennot et Nicolas Décamp

© 2019 UGA Éditions

图书在版编目（CIP）数据

开发物理学批判性思维：批判的养成训练 /（法）洛朗斯·维耶诺（Laurence Viennot），（法）尼古拉·德康著；王恩科等译. -- 北京：科学出版社，2025. 3. --（科学教育译丛 / 王恩科主编）. -- ISBN 978-7-03-079622-6

Ⅰ. O4-42

中国国家版本馆 CIP 数据核字第 2024GG9640 号

责任编辑：郭勇斌　杨路诗 / 责任校对：张亚丹
责任印制：徐晓晨 / 封面设计：义和文创

科 学 出 版 社 出版

北京东黄城根北街 16 号
邮政编码：100717
http://www.sciencep.com

北京建宏印刷有限公司印刷
科学出版社发行　各地新华书店经销

*

2025 年 3 月第 一 版　　开本：720 × 1000　1/16
2025 年 3 月第一次印刷　　印张：8 1/2
字数：168 000

定价：78.00 元
（如有印装质量问题，我社负责调换）

科学教育：大学的使命与担当
（丛 书 序）

我少年时代就读于华南师范大学附中前身的岭南大学附属中学，也因此和华南师范大学结下深厚的渊源。2023 年 7 月，"全国科学教育暑期学校"中小学教师培训（广州会场）在华南师范大学开班，学校邀请我去作报告。我很认真地做了准备，去跟老师们讲我所理解的科学教育以及如何培养科学素质。在我看来，中小学老师会影响孩子一辈子，科学素质的培养必须从小抓起。

科学教育是提升国家科技竞争力、培养创新人才、提高全民科学素质的重要基础。2023 年 5 月，教育部等十八部门联合印发了《关于加强新时代中小学科学教育工作的意见》，对如何在推进教育"双减"的同时做好科学教育加法作出系统性的部署。这么多部门联合发布文件，一方面足见国家对科学教育的重视，要求集聚社会资源，加强部门联动；另一方面也是希望更多组织和相关人士能积极参与，担负起科学教育的使命。

作为广东教师教育的排头兵，华南师范大学一直很重视科学教育。除了这两年连续承办"全国科学教育暑期学校"，据了解，学校多年来还做了一系列示范性、前瞻性的工作。学校 2004 年开始招收科学教育专业本科生，2020 年开始招收科学与技术教育专业硕士，不仅招生规模居全国前列，而且形成了具有中国特色的"大科学教育"理念。2023 年我去作报告时，王恩科同志跟我介绍，学校又在全国率先成立科学教育工作委员会，组建了华南师范大学粤港澳大湾区科技创新与科学教育研究中心等平台，开展国内外小学科学课程标准的比较研究等。这些都说明，学校在科学教育上是有远见卓识的，也真正想为推动中国的科学教育发展做一些实事。

最近又很高兴地看到，华南师范大学集聚了一批专家学者完成了"科学教育译丛"的翻译工作。这套译丛以美国的科学教育研究与实践为主，内容包括社会性科学议题教学、天赋科学教育、科学教育的表征能力框架、STEM 教育、跨学科学习、批判性思维、科学教育理论与实践策略等。这些都是国外科学教育领域密切关注的重要主题和前沿性成果，对于国内科学教育的深入开展很有启发性和借鉴意义。从中可以看出，以美国为主的西方发达国家，对科学教育已经进行了长期的、广泛的、扎实而细致的专业研究与基础性工作。特别是，美国之所以在科技领域能够处于绝对领先地位，与它们在科学教育上的发展水平有着密不可分的关系。美国中学科学教育开始于1821年，是世界上最早在中学开设科学课程的国家之一。20世纪80年代，美国启动"2061计划"，开始实施课程改革，在数学、科学和技术教育方面提出了培养学生科学素养的新目标，要使科学素养成为公民的一种内在品质。随即，美国推出了一系列引领世界科学教育发展的标志性文件，包括《国家科学教育标准》《科学素养的基准》《面向全体美国人的科学》等。自1993年起，美国国家科学基金会每两年发布一次《科学与工程指标》，其中首先关注的是美国的中小学科学教育。2013年，美国国家科学技术委员会向国会提交了《联邦政府关于科学、技术、工程和数学（STEM）教育战略规划（2013—2018年）》，这是时任美国总统奥巴马主导的一项STEM教育发展战略，意在加强STEM领域人才储备，保证美国在科技创新人才领域的优势地位。

近些年来，我国开始借鉴美国STEM教育的经验，开展了许多相关的实践和研究。但在学习这些具体经验的同时，我们更要认识到，正所谓"冰冻三尺，非一日之寒"，美国科学教育的发达有着多方面的深刻原因，我们要更多地学习它们的策略、理念与方法。科学教育在美国被置于国家战略的重要地位，并从教育目标、课程标准、战略部署、全民素养、监测评价等方面进行了系统性的谋划，基于国家科技发展形成了有特色的科学教育体系。从华南师范大学推出的这套"科学教育译丛"也可以看出，在美国有一批高等院校和科技工作者致力于科学教育的深入研究，形成了大量的面向基础教育的中小学科学教育应用性成果。

应该说，当前我国已经越来越意识到科学教育的重要性，从党的二十大报告中关于教育强国、科技强国、人才强国战略的提出，到教育部等十八部门加强新时代中小学科学教育的工作部署，都体现了党和国家对于科学教育空前的重视。对比世界先进国家，我们在科学教育的师资队伍、教育理念、课程标准、课程体系以及专业研究等方面都还存在着很多短板，因此也迫切需要更多的师范大学、科研院所、科学场馆、高科技企业以及相关的大学教授、科学家、工程师、科学教育研究者等关注、支持和参与到中小学科学教育中来，真正从源头入手做好拔尖创新人才的早期培养。除了虚心学习引进国外的既有教育研究成果，我们更需要一大批的大科学家、大学者、大专家能够不辞其小，躬下身去面向中小学老师和学生做一些科普性、基础性的教育工作，这项工作的价值丝毫不低于那些高精尖的科技研究。

同时更重要的是，正如我在"全国科学教育暑期学校"的报告中提出的，我们要加强中国科学教育的"顶层设计"，构建具有中国特色的科学教育体系。要认识到，无论是美国的STEM教育还是英国的STS（科学、技术、社会）教育，都是基于各自的国家战略和科技发展需求而制定的，也都并非完美无缺，我们可以适当借鉴，但不能照搬照抄。从我们的国情、教情和文化基础来说，我个人认为，中国的科学教育应倡导的是IMH教育，即创新能力（Innovation）、使命感（sense of Mission）、人文精神（Humanity）。在科学教育中，我们要从这三方面做好中小学生的科学素质培养，三者缺一不可。

首先，科学素质的核心是创新能力的培养。具体来说，创新能力应包括开拓精神、尊重事实、执着追求、协作精神等内涵。同时，创新还意味着要学以致用，只有发明和发现还不够，要能够应用于实践，产生社会效益和经济效益。为此，老师要从小培养学生善于发现问题、善于设计解决方案的能力，引导他们利用学到的知识去解决实际问题，将书本所学和生活实践联系起来。

其次，科学教育必须注重使命感的培养。我们常说，科学没有国界，但科学家是有祖国的。在中国进行科学研究，开展科学教育，一定要有使命感。当前，部分西方国家在科学技术上到处卡我们的脖子，我们要进行科学创新，必须敢于担当，把国家和民族的发展放在心中。我们要注重培养学生对科学的好奇心和兴趣爱好，但更重要的是培养学生的使命感。

最后，科学素质的教育要倡导人文精神。这一点尤为重要。国家发展也好，大学教育也好，科技与人文一定是不可偏废的两翼。科技发展是为了让人的生活更美好，让人的发展更健全。没有人文精神做基础，只强调科技发展，不仅是片面的，也是危险的。我们既要注重科学教育，更要提倡德智体美劳全面发展；既要注重科学的发展，更要注重尊重人，学会宽容和公正，善于发现他人的优点和长处。

说到底，这些精神和素养也是青少年时代，母校教给我的令我受益一生的东西。2023年是华南师范大学建校90周年，我也再次受邀回学校出席建校90

周年发展大会。我在致词中讲到，华南师范大学附属中学培养了我，为我打下好的基础，给我提供的良好教育让我能够为国家作贡献，同时让我自豪的是，华南师范大学在科技强国、民族复兴的征程上也能够勇担使命，体现了大学应有的精神品格。

从这套"科学教育译丛"中，我再次看到一所高水平大学应有的使命担当与精神品格。我也很愿意和华南师范大学一起，为推动科学教育的发展，为培养更多具有创新能力、使命感和人文精神的高素养人才尽一份力。

是为序。

2024 年 2 月

目　　录

第1章　为什么要批判？为什么是物理学？ ·· 1

1.1　发展批判性思维：传统性和紧迫性 ·· 1

1.2　为什么关注一个特定的知识领域？ ·· 3

1.3　为什么关注物理学领域？ ·· 4

1.4　培养教师的批判性分析能力 ·· 4

1.5　本书的结构 ·· 6

参考文献 ·· 7

第2章　质疑文本的主要原因 ·· 10

2.1　内部矛盾 ·· 10

2.2　与定律的直接矛盾 ·· 11

2.3　与定律的间接矛盾 ·· 12

2.4　解释的逻辑不完备性 ·· 15

2.5　实验证明了什么：过度概括？ ·· 16

2.6　当推理过程和思想实验的结果不相容时 ·· 17

2.7　什么时候应该进行实验 ·· 18

2.8　多重诊断是否有用令人质疑 ·· 20

参考文献 ·· 22

第3章　风险因素 ·· 23

3.1　两种干扰因素 ·· 23

3.1.1　结论的"精确性" ·· 23

3.1.2　回声解释 ·· 25

3.2　简单化 ·· 26

3.2.1　实体的指定：并非总是符合人们所认可的物理学 ·· 26

3.2.2　全有或全无 ·· 27

3.2.3　"小"被等同为"零" ·· 28

3.2.4　找到了一个原因：是唯一的原因吗？ ·· 29

    3.2.5　单一位置 ··· 31

  3.3　故事式解释或"线性因果" ··· 33

    3.3.1　显性的故事式解释 ··· 33

    3.3.2　隐性的故事式解释 ··· 36

    3.3.3　故事式解释：什么时候风险是真实的 ··············· 39

  3.4　视觉信息或类比：展示或强烈暗示的风险 ··············· 40

    3.4.1　实验的证据 ··· 40

    3.4.2　基于图像或图表的解释 ································· 41

    3.4.3　通过类比或隐喻的"证明" ····························· 46

  3.5　多种风险：指导批判性分析的关键点 ··················· 47

  参考文献 ··· 48

第4章　分类的优点和局限 ··· 50

  实施批判性分析：第一种方式 ··································· 50

  一份关于渗透的材料：一个缺陷较为明显的例子 ········· 51

  毛细上升：并不是那么简单 ······································· 54

  分类之外 ··· 56

  参考文献 ··· 56

第5章　概念掌握与批判性态度：复杂的联系 ··················· 58

  5.1　未来教师对放射性碳测年解释的作答 ··················· 58

    5.1.1　主题访谈并不像听起来那么简单 ·················· 59

    5.1.2　访谈分析：大纲 ·· 59

    5.1.3　一些惊人的事实 ·· 61

    5.1.4　延迟批判：激活阈值 ···································· 62

    5.1.5　专业麻木 ··· 62

  5.2　延迟批判或者专业麻木：不可避免？ ··················· 63

  参考文献 ··· 64

第6章　及时激活批判 ··· 66

  6.1　批判的潜力 ··· 66

  6.2　早期批判的例子 ··· 66

    6.2.1　救生毯 ··· 66

    6.2.2　渗透作用 ··· 67

  6.2.3 毛细上升 ·· 68

 6.3 早期激活批判的条件 ·· 69

  6.3.1 "拼凑"可用的信息片段 ······························· 69

  6.3.2 文本中提到的实体的含义 ····························· 70

  6.3.3 心理认知因素 ·· 70

  6.3.4 教师与教育者：去中心化和批判明确性的需求 ··········· 71

  参考文献 ·· 71

第 7 章　批判性分析的教育 ·· 73

 7.1 最大限度地发挥文本的作用 ···································· 73

  7.1.1 解释中涉及的术语的含义 ····························· 73

  7.1.2 隐含信息导致的不完备 ······························· 74

  7.1.3 泛化：不一定错 ····································· 75

  7.1.4 从数值到函数关系：朝向更好理解的一大步 ············· 75

 7.2 批判性分析：一种富有成效的活动 ······························ 75

  7.2.1 学校或者大学环境与经典文本 ························· 75

  7.2.2 学校环境和中等程度的文本 ··························· 77

 7.3 对于未来教师的教育：意识与不情愿 ···························· 79

 7.4 迈向课堂实施？ ··· 80

  7.4.1 困难的感觉 ··· 80

  7.4.2 示范应有的样子 ····································· 80

  7.4.3 它有效，所以一切都很好 ····························· 81

  7.4.4 教室管理 ··· 81

  7.4.5 批判性态度和教育：从未来教师的视角 ················· 82

  参考文献 ·· 82

第 8 章　批判：深刻理解的前奏 ·· 84

  参考文献 ·· 87

附录 ··· 88

 附录 A：认识论的立场 ··· 88

 附录 B：一堂关于热传导的课程 ····································· 91

 附录 C：大气成分和放射性碳测年 ··································· 92

 附录 D：面向非专家的马格纳斯效应 ································· 94

附录 E：被刺穿的瓶子和水流的射程 ……………………………… 97

附录 F：电池、电解槽和电流的方向 …………………………… 99

附录 G：毛细上升和"提升"液体的力 ………………………… 103

附录 H：应该盖救生毯的哪一面？ ……………………………… 109

附录 I：水压和渗透作用 ………………………………………… 112

附录 J：可被用在批判性教育中的文本库 ……………………… 116

第 1 章　为什么要批判? 为什么是物理学?

想象一下,你在一本流行杂志上阅读了以下有关高空自由落体跳伞的文本:

为了实现这个目的,他(主人公)将穿戴类似宇航员使用的加压服,但经过改造足以抵抗 110 开以下的极低温度,并配备降落伞。他将乘坐一个与氦气球相连、同样加压的太空舱,并在大约 3 小时内到达 40 000 米的高空。跳伞的持续时间约为 6 分 25 秒。在没有大气的情况下,他以垂直的姿势往下跳,将在大约 30 秒后超过声速(1067 千米/时)。

以上文本来自法国官方教育机构(Ministère de l'Éducation Nationale,2010),用于培养 10 年级学生的批判性思维,并教他们如何从这类资源中"提取信息"。读了文本之后,建议教师向学生提出以下问题:为什么要从这么高的高度跳下去?为什么使用氦气球?等等。现在想象一下,如果是你,你想问这个水平层次的学生哪些问题,以帮助他们从文本中有更多的收获。停止阅读几秒钟,然后思考:我会问哪些问题?我们向几组物理老师提出了这个问题:已经在大学教授物理的博士生($N=23$),大学物理教师($N=10$),已经在教中学物理的职前物理老师($N=38$)。对于问学生关于这篇文本的问题,他们提出了各种各样的建议,在这些问题中,没有人注意到文本中有个奇怪的描述:在下落的起点,没有空气("在没有大气的情况下"),但是有一个气球。

青少年常常会说,这都是因为氦气球一定是往上升的。但是老师们并不是物理初学者,负责起草官方文件的专家小组更不可能是。他们都知道阿基米德原理,即知道如何计算在引力场中,浸入流体中的物体所受的浮力。尽管如此,小组中只有一位老师对没有大气这一描述提出了质疑。

专家们这种批判性思维的被动性似乎令人感到吃惊,正如我们将要展示的那样,这并非个例。这就产生了一系列问题,所有这些问题都与通常所说的"批判性思维"有关。

1.1　发展批判性思维:传统性和紧迫性

批判性思维是现今广泛提倡的一种能力。特别是在法国,中等科学教育非常注重利用面向一般大众的资源,并强调批判性判断。12 年级理科学生教学大纲

(Bulletin Officiel de l'Education Nationale，2011)反复倡导(18 次)从各种文件中"提取和使用信息"的行为。它规定，向学生提出的关于"提取"能力的活动和他们获得的信息，应该引导他们提出批判性问题，这些问题包括信息来源的科学价值、所考虑的问题的相关性，以及如何从一组信息中选择保留什么，因为有些信息是多余的，有时甚至是不准确的，并且有必要区分客观理性知识和观点信仰。二十多年前，Millar 领导了 21 世纪科学项目，该项目的重点是帮助学生获取和解读为公众撰写的科普文本(Millar，1996；21st Century Science Project Team，2003)。Millar(2006)借鉴了 Norris 和 Phillips(2003)的观点，他们认为"科学(……)不能仅仅停留在口头上；其中，文本是必不可少的，而不是可有可无的。它们是科学的组成部分，就像收集数据是科学的组成部分一样。因此，对科学的理解需要阅读文本的能力"(P. 1502)。

据我们所知，在学术领域没有明确的论据反对这一教学目标。但是该怎么实现这一目标呢？我们怎么发展用批判性思维评估他人观点的能力？我们怎么支持这种能力的发展呢？

首先，什么是批判性思维？查看研究文献，我们发现了非常多的定义。例如，Willingham(2007)写到，批判性思维涉及"批判性推理、决策和解决问题"(P. 11)。Ennis(1989)说，批判性思维是"决定相信什么或做什么的合理的反思性思维"(P. 4)。McPeck(1981)将其视为"对陈述的正确评估"和"以反思性怀疑态度从事活动的倾向和技巧"(P. 152)。Noddings 和 Brooks(2016)最近提出了更为宽泛的观点：正确的批判性思维首要的是寻找意义。越过这些不同观点的差异，我们保留的是对批判性思维的积极看法，也就是说，我们将批判性思维看作帮助人们更好地进行理解的途径，而不是通过争论击败对手的艺术。

因此，我们在本书中采用的批判性思维概念，比以上定义所建议的范围更局限。具体来说，我们不考虑"有争议的"或"社会科学"问题。关于这些有很多著作，关注专家的地位、他们的政治或经济独立性(Jiménez-Aleixandre and Puig，2009)及散布谣言的机制等。在这些问题上，一些团体正在开展相关的工作，如理性主义联盟，该团体通过 Paul Langevin 的努力于 1930 年建立而成，还有由一群致力于促进批判性分析和理性怀疑的科学家组成的 CorteX(例如，Bronner，2013；Gauvrit，2007；Ellenberg，2015)。在法国，术语"探究论"(或"怀疑论")被用来指代这种知识团体。Monvoisin(2007)提出"探究论只不过是科学方法，但是被应用于承载这种情感负荷的知识领域，使得它需要与信念、坚持或承诺相关的知识僵局和认知偏见整合在一起"(P. 152，法文)。这些团体调查的问题之一：为什么这么多人倾向于认为地球是平的，而展示相反证据的照片是假的。所有这些问题都很重要，但不是我们这本书的重点。

在"探究论"这个术语中，本书是关于应用于物理学领域的探究论，不包括社会科学部分。选择排除社会科学部分并不是因为它们不重要，远非如此。幸运的是，近几十年来，科学家已经认识到并处理了这些重大问题。他们进行分析并构建了预警系统。他们的工作的一个重要组成部分是确定心理认知方面的问题，例如当科学还没有对某事做出解释时，人们迫切地希望得到一个解释，相对于没有解释，人们更倾向于选择非理性的解释；又比如"证真偏差"，即认为支持自己观点的信息比其他信息更有价值（Henderson et al.，2015）；还有伴随某种系统性怀疑态度的阴谋论，如关于 2001 年 9 月 11 日世界贸易中心塔楼倒塌的原因。

这本书针对的情境原则上并不复杂，即物理教育中常用的文本。因此，我们希望说明的现象并不侧重于所谓的社会科学问题所引发的"情感负荷"。例如，氢气球为什么能在空中悬浮这个问题，并不像人类对气候的影响那样令人难以理解。

话虽如此，那我们为什么要关注特定的知识领域？为什么要关注物理学领域呢？

1.2　为什么关注一个特定的知识领域？

关于第一个问题，我们的方法是基于这样的观点，即它是有价值的，但还不足以了解文本批判性分析的一般原则，例如来源控制或对主要认知偏见的了解。在历史上，这一不足的假设一直是长期争论的主题。一些研究人员认为批判性思维能力是跨领域的，可以应用于许多领域（Ennis，1996；Halpern，1998；Kuhn，1999；Davies，2013），而其他人强调不同领域批判性思维的标准具有特殊性（例如，McPeck，1981，1990；Barrow，1991；Bailin，2002；Willingham，2007）。几位作者对相关主题的大量研究进行了综述（Abrami et al.，2008）。在此基础上，有人建议将批判性思维的主要原则与特定领域批判性分析教育相结合（Davies，2013；Tibebu Tiruneh et al.，2017）。

考虑到这一点，我们希望主要为批判性教育的第二部分做出贡献，因为在我们看来，对物理科学工作工具的需求仍然没有得到充分满足。事实上，当我们考虑刚开始教物理的老师，他们中的许多人已经意识到科学和伪科学之间的区别，以及验证信息来源的必要性。尽管他们相对缺乏经验，但他们已经知道说服一些学生相信地球不是平的这件事有多么困难。然而，当他们意识到他们自己在熟悉的普通物理教学领域也可能没有批判性意识时，他们仍然感到震惊。

不过除了这个特定领域的目标，我们还有一个更大的目标，那就是通过物理学来阐明一些可能也会介入其他知识领域的现象。就像拉封丹的寓言故事一样，我们所提到的情境可以作为其他领域中可能观察到的一系列现象的类比情境。因此，我们有可能遇到从一个学科到另一个学科、从一个情境到另一个情境的共鸣。例如，上面引用的关于自由落体世界纪录的文本，可以看作把"小"和"零"等同起来。在 40 千米的高度，气压只有海平面的几千分之一。我们可以"忽略"这个值，并认为在这个高度上"没有大气"吗？或者更准确地说，大气压力的值为零吗？事实上，这一切都取决于我们在分析什么现象。分析跳伞运动员的下落时，可以认为这个值可忽略不计，并得出结论，在这个高度，他处于自由落体状态。但是考虑到氢气球的存在，把"小"和"零"等同起来是荒谬的，因为气压的非零值对于支撑氢气球至关重要（由于气球的体积非常大，这个压力也就足够了）。这种类似的讨论——在和什么比较时以及在什么情况下，我们应该忽略一个"小"量——在许多其他学科中也同样适用，例如生命科学或经济学。

1.3　为什么关注物理学领域？

那么，我们为什么要专注于物理学呢？

我们可以简单地说，物理学和许多其他学科一样，是一个批判性判断力至关重要的领域。但实际上，物理学特别适合进行批判性分析的教育。首先，物理学的一个优势是它存在明确的定义和可测量的量。虽然这些也存在于其他学科，但这些是物理学的准则。这就允许对推理得出的预测进行定量检验。此外，物理学是一门结构非常严谨的科学，其中一些定律可以解释很多情况。这是物理学取得巨大成功的根本原因，也是它周期性被迫进行实质性重组甚至"革命"的原因（Kuhn，1962）。简而言之，无论是在解释还是预测方面，物理学都对推理有着非常强的约束（有关我们对物理学中推理的认识论观点的概述参见附录 A）。这些约束条件都必须得到满足，首要的且最重要的是我们所说的内容与观察和测量之间的兼容性。正如人们常说的那样，在物理学中，有必要将许多事物"放在一起"，而给出"特别"的解释是不合适的。因此，尽管像物理学家一样思考并不是唯一理性的方法，但是人们有兴趣将物理学作为发展批判性分析的特殊领域。

此外，现在许多研究材料可以揭示物理学中常见的思维模式（Duit，2009；Viennot，2001），例如，一般认为"力"是个人或物体的一种属性，可以解释为与运动速度成正比。这项研究使人们有可能预测或至少容易识别某些与专业物理学不一致的推理特征，并且当观察到这些特征时，认为值得进行批判性分析。

1.4　培养教师的批判性分析能力

但是，我们的主要目标不是进一步探讨这些常见的思维模式，最重要的是要看看如何在物理学中实现批判性分析的真正发展。我们提出的内容侧重于新手教师批判性分析能力的培养，我们认为这是一个合乎逻辑的起点，因为我们必须依靠他们来教育学生。

在进行这样的项目时，我们不能忽视可预见的障碍。一般来说，认知心理学中有影响力的研究者在这方面的立场不容乐观。Willingham(2007)问道："为什么批判性思维的教学如此困难？"在探讨这个问题时，他特别强调，"困难不在于批判性的思考，而在于认识到什么时候应该这样做，以及知道足够的知识来成功地这样做"(P. 15)。Kahneman(2012)则认为"快速思维或系统1——一系列自动的、往往是无意识的过程，构成了直觉思维的基础"(P. 13)——是进行批判的主要障碍。关于如何更好地控制系统1的教育，他写道："如果不付出大量的努力，几乎无法实现。我从经验中知道，系统1不容易被教授。"(P. 417)在他的结论中，他说道："我只在识别可能出错的情况的能力方面有所提高……"(P. 417)但是，值得注意的是，培养这种能力已经迈出了宝贵的一步，我们也有这个目标。然而，以物理学为例，许多观察到的困难都需要进行详细的分析，这超出了一般的心理认知效应，尽管这些可能是相关的。换句话说，即使对系统1有很好的了解，在一个特定领域中，预测不恰当推理方式的精确形式也不是一件容易的事。这与Kahneman自己的结论相差不远："系统1产生认知放松并通过它来处理信息，但是当它变得不可靠时，它不会发出警告信号。……系统2没有简单的方法来区分熟练反应和启发式反应。它唯一的办法是放慢速度，试图自己构建一个答案，但是它不愿意这样做，因为它懒惰。"(P. 416)用Kahneman的话来说，一个关键的问题是，个体想要解决问题或做决定的时候，是否(如果是的话，如何)可以克服他们的认知放松或懒惰。他的答案非常悲观。

Houdé(2014)提出了系统1抑制冲动和失控的思想的可能性，从而为批判性分析教育提供机会。根据他的说法，"只有学习抑制是有效的，它激活了大脑的一个区域(右腹内侧前额叶区域)，这个区域涉及情感、自我感觉和推理之间的密切关系：情感与犯错的感觉有关，特别是通过学习抑制知觉偏差而引发的情绪。……因此，这些大脑成像结果表明，情感可以帮助推理，这与笛卡儿提出的理性和情感必然对立的观点相反(Piaget和Kahneman也隐含了这种观点)"(P. 88，法文)。

这一观点与元认知研究文献中广泛存在的观点相呼应(Flavell, 1987)："元认知指的是学习者关于学习的观点和信念以及他们学习过程的积极调节。"(P. 25)这也适用于批判性思维。同样值得注意的是，表达对一种解释的不满意涉及某些情绪，因为提出问题以获得更深入的理解是一种要求很高的方法。这种态度意味着一定程度的自尊和对智力满足的追求(Bandura, 2001)。至少在这个意义上，我们同意Houdé的观点，即情感可以帮助推理，但是要记住它也会阻碍理性。不管怎样，这些非常笼统的立场，应该通过对某一特定学科(如物理学)的批判性教育进行更详细的研究，从而得到进一步的补充。这类研究确实很有必要。

针对预见的障碍，我们应该如何定位物理学呢？培养物理学教师的批判性思维会更简单吗？我们可能会问，有经验的物理老师是批判性分析的专家吗？我们的答案是，是也不是。

我们会先给出肯定回答，因为有经验的物理老师知识渊博，有很多的方法来识别错误的预测、对定律的违反或有缺陷的实验程序。因此，许多错误对他们来说是很容易发现的。他们也有一系列的程序来检测那些肯定不准确的说法。例如，对数量级的检查，他们不可能接受蜘蛛有几吨的质量；或对极限值的识别，如大于 1 的概率或超过真空中光速的速度。或者是量纲分析，他们严禁量纲不齐的表达式(当改变单位时，表达式不同部分的数值会发生不同的变化)。在教学中他们还会考虑"极限情况"，即通过使某些量的参数趋向于零或者无穷大，来鉴别不合理的取值。

但同样也有否定的回答，是因为正如我们将展示的那样，这些方法仍然不够。由这些方法织成的网仍然允许一些极度不严谨的推理通过。实际上，由于"教学固定程序"的影响，作为教师的我们尤其面临着缺乏批判性判断的风险(Viennot, 2006)。在最常见的教学实践中嵌入的一些实验演示或推理，就具有谬误的一面。例如，热气球在空中停留，通常被认为处于等压状态，基于热气球气囊是开放的：在这种情况下，气囊怎么会膨胀，气球怎么能在等压大气中保持悬浮呢？这种固定的教学程序可能会妨碍我们在自身学科领域的批判能力。我们也有必要承认在物理学中进行有效推理本身就是一件困难的事：谁又能说自己永远不会遇到困难，特别是在大多数物理情境下涉及的变量具有多样性，或相关实验很难对其进行解释(Vilches and Gil-Perez, 2012)——我们后续将详细探讨这些问题。此外，我们如何避免让"一个模型永远不是完美的"这句话变成"任何东西——甚至是一个等压热气球——都可以被设想为初步模型"？因此，我们从那些刚接触批判性分析的人开始，即关注教师教育是非常合理的。

1.5 本书的结构

本书将首先描述导致读者拒绝或质疑与物理学相关的文本的缺陷类型(第 2 章)。在这里，"文本"一词是指非常宽泛意义上的可识别的信息来源：一连串的句子，无论是否附有计算过程、图像或图表，所有这些都在学术或科普的框架内。我们还将详细介绍一些文本类型，这些文本虽然没有明显的错误，但很可能通过推动读者的批判被动性而错过一些隐含错误，因此需要以特别批判的眼光来看待(第 3 章)。我们还将指出，批判性分析的兴趣如何远远超出了仅仅从公认的物理学角度寻找陈述、建议或错误推理的范围。我们将指出批判性分析能为阅读文本带来什么，以便欣赏其内容并评估其范围，特别是从中进行归纳的可能性(第 4 章)。

我们将讨论从新手教师那里收集的信息元素，包括个人访谈和小组讨论

（Viennot and Décamp，2018）。在这方面出现了一个关键问题：在这个群体中，批评态度的发展和对讨论内容理解的发展之间有什么联系？换句话说，如果没有一个坚实的概念基础的支持，能否培养新手物理教师的批判性判断能力？这个问题在二十年后变得尤为尖锐，尤其是在法国，以独立于内容的能力为中心的教育目标事实上已经掩盖了概念结构的重要性。这与一个更广泛的问题是一致的，即一种批判性态度的表现是否取决于被检查的内容。这个问题促使我们进行了一系列调查，我们将简要地报告调查结果，其结果表明了批判性态度和概念理解的发展是相互纠缠的。这些调查仍然是探索性的，但可以在概念和批判性这两个层面上初步描述新手教师的智力动态（第 5 章和第 6 章）。

请注意，在开展和报告这项工作时，我们并不打算指出哪些人更具批判性，哪些人更没有批判性，因为每个人都有批判的能力，只是有些人的表达可能会延迟。我们倾向于认为批判性态度（与批判性被动相反）是一种广泛具有的"批评潜力"的激活（而不是抑制）。我们的目的始终是要确定哪些类型的困难可能会阻碍对文本的批判性分析。

最后，将提出在各级学校和学业层面，在物理学和其他领域发展批判性教育专业知识的途径（第 7 章和第 8 章）。

在整本书中，我们的目标不是无端指出错误，而是提出一种批判性分析的视角，作为推进理解的垫脚石。本书旨在强调物理学中固有的困难，即使是在所谓的"初级"水平上，这些困难具有的普遍的特征，以及一些工具如何帮助我们成功地将批判与更好的理解结合起来。

参 考 文 献

21st Century Science Project Team.(2003). 21st century science—A new flexible model for GCSE science. School Science Review，85(310)，27-34.

Abrami，P. C.，Bernard，R. M.，Borokhovski，E.，Wade，A.，Surkes，M. A.，Tamim，R.，& Zhang，D.(2008). Instructional interventions affecting critical thinking skills and dispositions: A stage 1 meta-analysis. Review of Educational Research，78(4)，1102-1134. https://doi.org/10.3102/0034654308326084.

Bailin，S.(2002). Critical thinking and science education. Science & Education，11，361. https://doi.org/10.1023/A: 1016042608621.

Bandura，A.(2001). Social cognitive theory: An agentic perspective. Annual Review of Psychology，52，1-26.

Barrow，R.(1991). The generic fallacy. Educational Philosophy and Theory，23(1)，7-17.

Bronner，G.(2013). La Démocratie des crédules. Paris: PUF.

Bulletin Officiel de l'Education Nationale n°8，13th October 2011.

Davies，M.(2013). Critical thinking and the disciplines reconsidered. Higher Education Research & Development，32(4)，529-544. https://doi.org/10.1080/07294360.2012.697878.

Duit，R.(2009). Bibliography STCSE，Students' and Teachers' Conceptions and Science Education. http://www.ipn. uni-kiel.de/aktuell/stcse/stcse.html.

Ellenberg，J.(2015). How not to be wrong. London：Penguin.

Ennis，R. H.(1989). Critical thinking and subject specificity：Clarification and needed research. Educational Researcher，18(3)，4-70.

Ennis，R. H.(1996). Critical thinking. New York：Prentice Hall.

Flavell，J. H.(1987). Speculations about the nature and development of metacognition. In F. E. Weinert & R. Kluwe(Eds.)，Metacognition，motivation，and understanding(pp. 21-29). Hillsdale：L. Erlbaum Associates.

Gauvrit，N.(2007). Statistiques méfiez-vous！ Paris：Ellipse.

Halpern，D. F.(1998). Teaching critical thinking for transfer across domains. American Psychologist，53(4)，449-455. https://doi.org/10.1037//0003-066X.53.4.449.

Henderson，J. B.，MacPherson，A.，Osborne，J.，& Wild，A.(2015). Beyond construction：Five arguments for the role and value of critique in learning science. International Journal of Science Education，37(10)，1668-1697. https://doi.org/10. 1080/09500693. 2015.1043598.

Houdé，O.(2014). Le raisonnement. Paris：PUF.

Jiménez-Aleixandre，M. P.，& Puig，B.(2009). Argumentation，evidence evaluation and critical thinking. In B. J. Fraser，K. Tobin，& C. McRobbie(Eds.)，Second international handbook of science education(pp.1001-1015). Dordrecht：Springer. https://doi.org/10.1007/978-1-4020-9041-7.

Kahneman，D.(2012). Thinking fast and slow. London：Penguin.

Kuhn，D. A.(1999). Developmental model of critical thinking. Educational Researcher，28(2)，16-25. https://doi.org/10. 2307/1177186.

Kuhn，T. S.(1962). The structure of scientific revolutions. Chicago：University of Chicago press.

McPeck，J. E.(1981). Critical thinking and education. New York：St Martin's Press.

McPeck，J. E.(1990). Critical thinking and subject specificity：A reply to Ennis. Educational Researcher，19(4)，10-12.

Millar，R.(1996). Towards a science curriculum for public understanding. School Science Review，77(280)，7-18.

Millar，R.(2006). Twenty first century science：Insights from the design and implementation of a scientific literacy approach in school science. International Journal of Science Education，28(13)，1499-1521.

Ministère de l'Éducation Nationale.(2010). Ressources pour la classe de seconde générale et technologique. Available from：http://cache.media.eduscol. education.fr/file/SPC/92/8/LyceeGT_Ressources_2_Commun_SPC_Sport_149928.pdf.

Monvoisin，R.(2007). Pour une didactique de l'esprit critique. Zététique & utilisation des interstices pseudoscientifiques dans les médias. Grenoble：Université Grenoble 1 Joseph Fourier.

Noddings，N.，& Brooks，L.(2016). Teaching controversial issues：The case for critical thinking and moral commitment in the classroom. New York：Teachers College Press.

Norris，S.，& Phillips，L.(2003). How literacy in its fundamental sense is central to scientific literacy. Science Education，87(2)，224-240.

Tibebu Tiruneh，D.，De Cock，M.，& Elen，J.(2017). Designing learning environments for critical thinking：Examining effective instructional approaches. International Journal of Science and Mathematics Education，16，1065-1089. https://doi.org/10.1007/s10763-017-9829-z.

Viennot，L.(2001). Reasoning in physics the part of common sense. Dordrecht：Kluwer.(now Springer).

Viennot，L.(2006). Teaching rituals and students' intellectual satisfaction. Physics Education，41，400-408. http://stacks.iop.org/0031-9120/41/400.

Viennot，L.，& Décamp，N.(2018). Activation of a critical attitude in prospective teachers：From research investigations to guidelines for teacher education. Physical Review Physics Education Research.，14，010133. https://doi.org/10.

1103/PhysRevPhysEducRes.14.010133.

Vilches，A.，& Gil-Perez，D.(2012). The supremacy of the constructivist approach in the field of physics education：
　　myths and real challenges. Tréma，38，87-106.

Willingham，D. T.(2007). Critical thinking why is it so hard to teach？American Educator，1-19. Retrieved from
　　http://www.aft.org/sites/default/files/periodicals/Crit_Thinking.pdf.

第2章 质疑文本的主要原因

让我们从一些简单而又相当普遍的想法开始。从教育的角度来看，我们的目的是通过一些看似不言而喻，实则并非如此的言论和例子来记录这些观点。下面列出了在构建一个解释时，原则上应该避免的主要陷阱。

2.1 内 部 矛 盾

即使是孩子也可能会说：最好不要在没有进一步评论的情况下，同时发表两个矛盾的声明。这似乎是显而易见的，以至于我们很难想象在科学著作中会出现这样的情况。但是，下面的两个例子表明，这种情况是有可能发生的(Viennot，2013)。

第一个例子是一张为了推广初中(7年级)的实验教学程序的DVD。其主题是几种材料的热转移。学生们必须考虑如何在火星上防寒。其中一名学生建议使用救生毯，这个建议得到了老师和学生的一致同意。实际上，目前的救生毯是由聚酯薄膜制成的，这是一种非常薄的材料(约10微米厚)，具有反射性，这也是铝的特性。因此，铝被认为是解决当前问题较好的选择。在对其他材料进行头脑风暴后，通过一个非常简单的实验对玻璃、木材、铝和其他材料进行测试。将热水倒入相同的小容器中，每个容器都覆盖着一个由被测材料制成的小盘子，并在每个盘子上都放上冰块。那么哪个冰块会先融化呢？放在铝上的那个！老师的结论是"用铝不能防寒"。在DVD上看不到这与第一个学生的发言有任何联系。因此，两个相互矛盾的陈述相继作为有效观点呈现出来，而没有进一步的讨论：某件事及其反面。

在教师教育课程中，这个例子可以用来支持一种存在定理：是的，这种情况会发生。但是仅仅发现问题是不够的；最好试着理解，或者至少假设，在这种情况下缺乏批判意识的智力过程。如果认为热转移仅与传导有关，则铝无疑提供了较差的保护。这样一个显而易见的想法掩盖了一个事实，即高反射毯子可以有效防寒。事实上，能量传递涉及多种类型(传导、对流和辐射)，因此只对其中一种(传导传递)进行实验并不能证明教师提出的一般性结论(Viennot and Décamp，2016)。这个例子也强调了关于对物理解释的批评的一个关键点：当一个可能与所研究的情况相关的现象或变量(这里是辐射传递)被忽略时会发生什么。

另一个例子是为中学教师提供的科普文章，关于将管子垂直浸入容器中的水中，管中的水面毛细上升的现象(Viennot，2013)。文章中的图显示了三根不同直径的管子：管子越细，水升得越高。但是，这篇文章说，弯月面下的压力比大气压大还是小，这取决于人们是读的文字还是图片说明。

文字指出：

> 如果我们将玻璃管垂直浸入水中，我们观察到水会沿着管壁稍微上升，形成向下凸出的弯月面。从拉普拉斯定律(……)来看，这意味着弯月面下方的压强大于正上方的大气压。正是这种不平衡解释了上升的原因(……)。管直径越小，液体表面的曲率越大，表面两侧之间的压强差越大，管中的上升幅度也就越大(……)。

图片说明也写到内径越小，上升幅度越大，但提供了以下解释：

> (……)管的直径越小(……)，弯月面曲率越大，因此，根据拉普拉斯–杨公式，管中水的压力越小。

的确，管中水面上升的课题非常复杂，我们大多数人都不知道如何解释它。本书的目标读者就是如此。我们将在书中进一步介绍水面上升的细节，但这里的重点只是为了说明内部矛盾的情况确实存在，对于那些好奇的人来说，在寻找一个他们根本不知道的主题信息时，他们可能会遇到这种情况。事实上，无论是弯月面的压力还是曲率都不能解释这种现象。正如我们将在后面看到的(第 4 章和第 6 章)，有必要考虑液面附近玻璃分子和水分子之间的吸引力，以及沿壁面的水分子的压力(Das et al.，2011；Marchand et al.，2011)。简化的意愿加上对拉普拉斯公式的随意解释($\Delta P = \gamma \kappa$，联系液面两边之间的压力差 ΔP、其曲率 κ 和表面张力 γ)，似乎成了作者落入的陷阱。

这个例子有助于验证上面讨论的存在定理，即在同一篇文章中确实可以找到相互矛盾的陈述，即使它是由专业科学家在考虑了一致性的情况下编写的。

2.2　与定律的直接矛盾

我们并不经常看到像上一节中所讨论的那样明显的矛盾。然而，从教育的角度进行批判性分析，它们提供了一个从根本上锻炼批判性能力的机会，它们的出现并非毫无意义。这些方面(无可争议地出现，但相对罕见)也存在于某些例子中，涉及文章中出现的元素与物理学定律之间的明显矛盾。

让我们以牛顿第三定律为例。在法国的一本 10 年级课本中，我们读到：

砖块对桌子施加的力 $F_{B \, on \, T}$ 明显等于它的重量。桌子对砖块施加的力 $F_{T \, on \, B}$ 称为桌子对砖块的反作用力 R。认为这两种力具有相同的方向、相同的值和相反的方向是符合逻辑的。(……)注意：只要桌子足够坚固，作用力就等于反作用力。如果砖块的重量 P 太大，桌子就不能保证 $R = P$，就会倒塌。

在这段文字中，"只要桌子足够坚固，作用力就等于反作用力"这句话明显与牛顿第三定律相矛盾，第三定律的范围并不局限于平衡的时候。在任何时候，即使在倒塌的情况下，该定律在牛顿动力学中仍然有效。在平衡态下，相互作用的两种力(这里称为"作用力"和"反作用力")的共同值等于砖块的重量。在倒塌的情况下，这个共同值为零，因此砖块在桌子上的作用力不再等于它的重量。

我们可以对错误的来源进行分析(Viennot，1982；Menigaux，1986；Brasquet，1999)。人们混淆了牛顿第二定律和第三定律，或者至少没能清楚地区分它们。文中认为，两种相互作用力之间存在平衡——事实上，这两种作用力并不作用于同一物体上——同时也表明砖块对支撑物的作用力总是等于其重量(图 2.1 和图 2.2)。

对作用在桌面上的力的表示暗示了受力平衡的情形。我们可以认为砖块对桌子的作用力等于它的重量。

有可能认为砖块太重时情况会变得不平衡，桌子将不再能够"确保作用力和反作用力的相等"。

牛顿第三定律将会被违背。

图 2.1　分析桌上的砖块的情形时可能的错误风险

但是，无论这种困难的根源是什么，都应该对所讨论的陈述进行批判性判断，否则定律的概念(当然伴随着它的适用范围)将毫无意义。

2.3　与定律的间接矛盾

在大多数情况下，我们不会遇到如上所述那样明显的矛盾。但是我们无法调和公认的物理学的数个要素和文本的矛盾。

因此，在基础力学中，12 年级教科书(Belin，2012)中的一个练习是这样开始的：

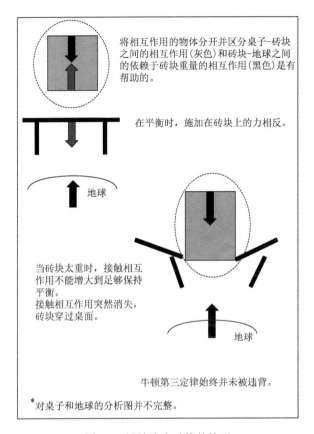

图 2.2　澄清桌上砖块的情形

自行车(作为一个质点)做匀速直线运动，速度为 $v = vu_x$。周围空气对其施加摩擦力 $f_f = -\lambda v$，其中 λ 为一正的常数；地面施加的摩擦力可以忽略不计。骑车人施加给自行车的力 F 与 v 的方向相同。表达它的值(……)(P. 99)。

练习提供了类似图 2.3 的图像。这个练习的目的可能是让学生使用如图 2.4 所示的图。

图 2.3　处于匀速的骑车人

向后的力：空气对自行车的摩擦力；
向前的力："骑车人施加给自行车"的力。

图 2.4　期望从学生处得到的关于图 2.3 情况的分析图

文中说，由于空气的作用，自行车受到一个向后的力 f_f，以及骑车人施加的一个向前的力。这两个力的值必须相等才能说明速度恒定不变。有了这张图，一切似乎都很合理，至少从牛顿第二定律的角度来看是这样。

现在来看牛顿第三定律，自行车上空气作用力的相互作用力（"反作用力"）是向前的，这不会有任何问题。但是，如图 2.5 所示，所谓的"骑车人施加给自行车的力"的反作用力的形式却令人吃惊。当我们试图将这两个定律和文章数据"放在一起"时，骑车人从他的自行车上摔了下来。很明显，有些地方出了问题。为了避免这种概念上的混乱，批判性分析将不得不考虑自行车和地面之间的摩擦相互作用，并放弃使用内部相互作用来证明自行车-骑车人系统的运动（图 2.6）。

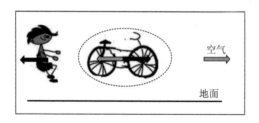

图 2.5　图 2.4 中的力的反作用力：显示在骑车人身上的力将把他从车上推开

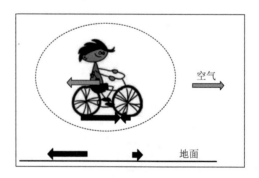

图 2.6　错位图像以显示牛顿第二定律和第三定律如何解释骑车人的运动。受力平衡分析图的元素显示在虚线围成的椭圆中

考虑到牛顿的两大定律，必须对文中提出的分析进行深入的修改：事实证明，"将定律和现象结合起来"比被分析的练习所建议的更加困难，但也更加有益。但即使在完全理解之前，重要的是要意识到这个解释不符合牛顿定律，因此必须用另外一种解释来代替。

2.4　解释的逻辑不完备性

人们也可以批评一种解释，哪怕这个解释没有明显的内部或外部矛盾。这种情况的解释至少缺少了一个必要的环节，因此是不能让人满意的。当然，没有什么分析是完全完整的，总会有遗漏的地方。正如 Ogborn（1996）所写，"解释就像冰山一角，大量的支持性知识隐藏在表面之下"（P. 65）。因此，当我们谈到不完整的解释时，我们并不是指需要重建所有相关概念，即"表面之下"的概念。相反，我们关注的是论证链中缺失关键环节的情况，以及那些在逻辑上阻碍我们得出有效结论的情况。

最简单的例子可能是同义反复。因此，在一篇流行文本（Jacquier and Vannimenus，2005）中，我们发现这样的评论："在透明介质如玻璃中，光传播得更慢，因为它的折射率比空气大。"（P. 16）在这段话中，"折射率"是作为一个解释性要素出现的，然而根据定义，这个量（n）与透明介质中的光速（v）成反比（$n = c/v$，c：真空中的光速）。这样看来，要解释的现象和它的"原因"是一回事。因此这个解释非常不完整。

化学测试中常见的表述则没那么明显不完整，例如：

> 当你把无水硫酸铜放在一块苹果上时，它会变成蓝色。我们知道，无水硫酸铜遇水会变成蓝色。因此，苹果含有水分。

或者：

> 当气泡水中的气体遇到澄清石灰水时，石灰水变浑浊。我们知道，石灰水遇二氧化碳变浑浊。因此，气泡水中的气体是二氧化碳。

在这两种情况下，都没有提到只有检测到的物质才会产生观察到的效果。无水硫酸铜只有遇到水才会变蓝吗？二氧化碳是使石灰水变浑浊的唯一气体吗？在这些问题没有答案的情况下，这些论点显然缺少联系。

放射性碳测年是另一个相关但不那么简单的例子。自然界中大多数碳为 ^{12}C，但一小部分为具有放射性的 ^{14}C。通过一些文献（如在互联网上找到的），我们可以了解到放射性碳测年技术是基于放射性衰变律，该定律给出了初始数目为 N_0 的 ^{14}C 原子数在经过一段时间（t）之后还没有衰变的数量是 $N(t)$：$N(t) = N_0 \exp(-\lambda t)$。

常数 λ 只与时间 τ 相关（$\lambda = \ln2/\tau$），τ 是只有一半的初始原子仍然存在所需的时间（"半衰期"，^{14}C 的半衰期为 5730 年）。普遍接受的是，在一个生物体活着时，由于代谢交换，其碳骨架与大气具有相同的[$^{14}C/^{12}C$]比例。这些交换在死亡时停止，然后根据刚刚提到的定律，[$^{14}C/^{12}C$]比例降低。到目前为止，一切顺利，但是我们怎么能知道生物体死亡时[$^{14}C/^{12}C$]比例是多少呢？这一信息对确定年代是必要的，即从当前的测量中推断出自死亡后经过的时间。答案是，我们假设大气的组成一直稳定，因此在死亡时和测年时是相同的。在这个阶段，一个严谨的人应该问自己以下问题：为什么 ^{14}C 原子数在死亡生物中会减少但是在大气中不会减少？大气中没有放射性衰变吗？解释中遗漏了一些内容（完整的解释在附录 C 中详细介绍）。在培养批判性态度方面，帮助学生识别推理中的这种遗漏是其中一个目标。最近一项针对 10 名即将大学毕业的教师的研究表明，找出这种解释中遗漏的内容并不是显而易见的（Décamp and Viennot，2015）。研究首先向这些老师介绍了放射性碳测年的六种完整性逐渐提高的解释。对于每个解释，参与者被要求说明他们的满意程度，或者他们是否需要进一步的信息。调查结果表明，大多数学生（8/10）在提出上文提到的疑问之前都有明显的延迟，尽管他们具备相关的必要知识。

2.5　实验证明了什么：过度概括？

人们可能认为实验的结果是进行批判性分析的理想刺激因素。这是"探究式科学教育"的基本理念之一，这一运动在世界范围内，特别是在小学和中学教育方面引起了巨大的发展（例如，Edelson et al.，1999；Flick and Lederman，2006；EU，2007；Gormally et al.，2009；Calmettes，2012）。但我们要小心。一个与假设不一致的实验通常被认为是严重的警告信号，但"实验证实"必须慎重考虑。通常，孤立的实验不足以证明结论的合理性。正如 Bächtold（2012）所说，"实验不足以支持理论"（P. 21）。偏差、实验误差或不确定性可能会影响测量值。研究人员为避免或减少这些误差付出了巨大努力，我们决不能忽视这一点。但是，即使在实验层面上没有疑问，也无法获得确定性（这个问题将在附录 A 中进一步讨论）。

例如，考虑这样一个论点：钢制物体不会漂浮，因为它们的密度比水大。将钢块浸入水中就能有力地证实这一论点，钢块下沉了。但是，只要想到一艘钢船的船体，就可以推翻这个论点。一艘钢船如果形状合适并在正确的位置下水，就能漂浮起来。这说明了没有考虑到相关变量的问题，例如，物体的形状以及它是如何放入水中的。

通过这个例子，我们离上文所述的铝能量传递的情况不远了。在装有热水的玻璃杯中，铝盖上的冰块迅速融化——这是一个无可争辩的观察结果——似乎证实了"铝不能防寒"这一说法的正确性，因为这种金属是非常好的"热"导体。

在这里，铝的辐射特性被忽略了，而实际上，这些特性有助于解释救生毯的有效性。忽略相关变量或现象以及过度概括可能是"实验证实"的最大风险，往大了说，是科学推理的最大风险。我们将在很多情况下遇到这种风险。当一个量被错误地认为依赖于比必要的数量更少的变量时，我们就称之为"函数简化"。

虽然不是很明显，但这种函数简化的想法可用于分析相关性和因果之间的混淆。认为观察到的两个变量之间的相关性表明因果关系(在一个方向或另一个方向上)，这是一种频繁发生的无效推理(Gauvrit，2007；Ellenberg，2015)。例如，从高于全国平均尺寸的鞋码与成功通过著名科学学校入学考试之间的正相关关系中，我们可以推导出什么呢？年轻人应该试着拉长他们的脚来增加通过考试的机会吗？当然，第三个变量的出现是为了解决这个明显的悖论：性别。一方面，这类竞争的获胜者大多是男性，另一方面，这与鞋码大于全国平均水平(包括女性)有关。如果一个可观察对象只与另一个可观察对象关联，那么在给定的群体中，它们的值之间的正相关关系可以用依赖关系来解释(尽管我们仍然不知道哪个是原因，哪个是结果)。否则，通常至少会有第三个变量("混淆变量")同时影响前两个变量。

即便如此，通常也很难对观察到的可能存在的相关性变量进行普遍的批判分析：是否应该将性别视为这场考试成功与否的主要决定因素？还是应该将社会学因素纳入假设的决定论中？在任何情况下，忽视可能存在的混淆变量都是一种函数简化，并可能导致得出错误的结论。

2.6　当推理过程和思想实验的结果不相容时

另一个可以用来确定批判性分析必要性的策略是思想实验，它通常涉及对"极端案例"的推理。在思想实验中，没有必要通过观察物质世界中真正发生的事情来得出结论。例如，如果有人说"在温室里，进入的能量比离开的能量多"，或者"在气体中，分子间的碰撞产生热量"，如果这种情况无限期地持续下去会发生什么，这些问题不需要通过实验来证实。我们知道温室内的能量会不断增加，并导致爆炸。我们还知道，如果分子之间的碰撞将无穷无尽的能量引入一个绝热的房间(即阻止能量向外界的转移)，里面的人就活不了多久。

有一件事并非不言而喻的，那就是提出这类问题的价值，也就是说，就上述例子而言，考虑上述现象随时间的推移而产生的结果。这种情况并不常见。相反，常见的推理倾向于关注转换和这些转换的原因，含蓄地认为它们的持续时间有限。持久性经常被忽视(Viennot，2001)。但是，当这种想象被接受时，就必须重新考虑像"在气体中，分子之间的碰撞产生热量"这样的说法。

回到一种更熟悉的情况，对于有两套房的房主来说，当他们在冬天前封闭房子时，通常会考虑是否应该将恒温器设置到尽可能低的温度(至少几摄氏度，以避免管道里的水结冰)。一个常见的评论是："当我们返回时，(从比较低的值)提高温度将花费更多的能量。"实际上，有必要对从"热"源(室内)到室外的连续传热进行推理。当主人不在家的时候，如果恒温器设置得尽可能低(图 2.7)，这些传热就会变小。

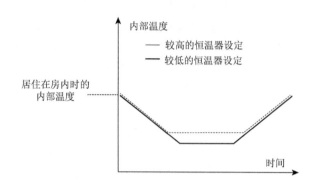

图 2.7　有恒温器设置较高(细线)或较低(粗线)时的室内温度：在一段时间后，后者(较低的恒温器设定)的内部温度永远不会比前者(较高的恒温器设定)高。因此，在任何时刻，在主人不在时较低的恒温器设定传递到外部的热量都少于(或等于)较高的恒温器设定

但是，一个更有影响力的观点是考虑在一个漫长的冬天里，家里长期没人。那么，对于最后的预热阶段来说，似乎应该优先考虑把恒温器设置得尽可能高。这个推理被认为是有说服力的，但不应忘记，即使我们考虑到瞬态(在主人离开时和回来时)，也值得将恒温器设置得尽可能低：在主人离开后，如图 2.7 所示，在恒温器设置较低的情况下，传递到外部的能量比恒温器设置较高的情况下更少(或相等)。基于极端情况的推理至少可以激发批判性思维。

实际上，无限持续时间是教学中的经典案例。当某些函数或微积分方程的解在无限长的时间内取不可能的值时，这些函数就会被排除在待解决问题的候选解之外。例如，涉及时间的正指数函数(e^{kt}，$k>0$，如光波的振幅)被称为"发散"，这就意味着它们不能作为手头问题的可能解决方案。这里也不需要经验来进行淘汰。

2.7　什么时候应该进行实验

然而，对于思想实验，也就是不需要实际经验的推理过程，保持谨慎是明智的。认为实验检查没有必要可能是错误的。一个典型的例子是，人们反复错误地预测，从瓶子孔中流出的水射流的相对射程长度依赖于出口孔的深度(附录 E 中提供了对这一现象的物理分析)。图 2.8 中的例子表明，这些图片的作者毫无疑问地认为：瓶子所在表面上的射流范围必须随着出口孔的深度增加而增加。所以他们觉得没有必要进行实验验证。

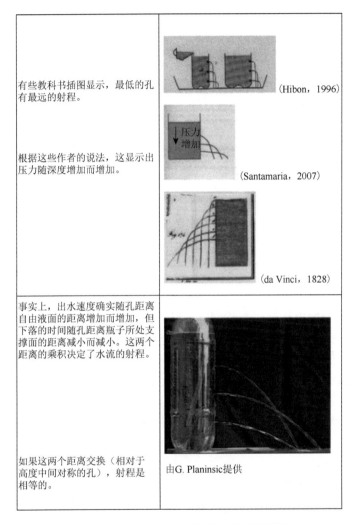

图 2.8　从带孔的瓶子中流出的水射流的射程

这是一个教科书式的错误，显示出明显的固执。这有很多原因。首先，一个重要的陷阱是，只要结论符合一个众所周知的事实，人们就相信这些论点是有效的：在这里就是，在装满静止液体的容器中，压力随深度的增加而增加。这个说法是正确的。造成错误的第二个原因是：倾向于忽略第二个相关变量，即出口孔和瓶子的支撑面之间的自由落体时间。人们可能会认为，水平出水速度越快，水流得越远。但实际上，水要有较大的射程，还与在到达支撑面之前经历的时间有关。有一种方法证明教科书上的图片一定是错误的，那就是用一种极端的情况进行思想实验：如果在支撑面的位置钻一个孔，那么水就不太可能离开瓶子很远。

2.8 多重诊断是否有用令人质疑

我们上文所说明的缺陷可能会同时出现，从而引发对特定文本的质疑。因此，很难确定哪个是对文本的主要反对意见：内部矛盾，（直接或间接）定律矛盾，论证的不完备，还是其他什么？

下面的例子就是这种情况。对于一个带电池的闭合串联电路，人们通常会说或暗示(参见附录 F)，导线中电荷的运动可以用电池两端的电荷(或它们产生的电场)来解释，例如：

> 电池的两极之间有一个永久的自由电子的密度差：负极的电子密度比正常要高而正极缺少电子。如果一条电路连接到电池，电路中的自由电子会被电池的正极吸引而被负极排斥。它们在电池外从负极流向正极。

(Academy of Bordeaux)

但是偶极子的电场沿豆形线运动，这通常不是电路导线的情况。

如果我们假设导线中电子的局部平均速度与磁场平行，似乎就有矛盾了。我们甚至可以想象一个思想实验——弯曲一根导线，使电子在与偶极场相反的方向上移动(图 2.9)。那么问题来了，为什么无论导线如何扭曲或弯曲，电子都会沿着导线移动呢？

但是，文本的辩护者也可以争辩说，偶极场是存在的，即使在整个电路闭合时，整个电路的导线表面上还有其他电荷(图 2.10，具体参见 Chabay and Sherwood，2006)。

这位宽容的辩护者可能会得出这样的结论：文本本质上是不完整的。这样的话，重要的不是描述解释中的主要缺陷，而是找到至少一个可供批判性分析的目标。还应注意的是，如果我们考虑电池内部离子的运动，它与基于电池终端的"极性"的分析完全矛盾：在电池中，带正电荷的阳离子的运动指向正极(参见附录 F)。

话虽如此，批判性分析的激活并不能提供解开谜题的钥匙：大气中放射性碳或稳定碳的成分是如何随着时间的推移而保持不变的(参见附录 C)？铝是如何在作为热转移的良好导体的同时起到防寒作用的(参见附录 H)？电子是如何在连接的导线中轮流移动的，以及阳离子又是如何在电池内部移动的(参见附录 F)？等等。因此，如果没有找到令人满意的答案，就很难解决这些问题。就目前

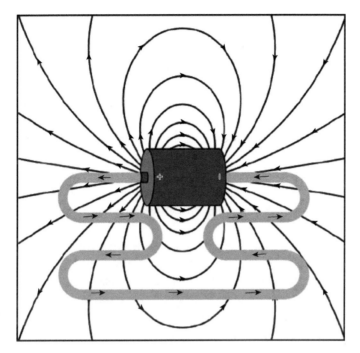

图 2.9　电池电极处的电荷产生的电场无法单独解释导线中电子的移动

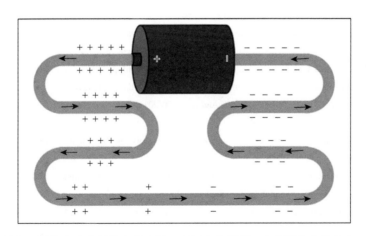

图 2.10　准静态区域的电路中导线内的电场：表面电荷模型。未在图中表现出来，电路曲线表
　　　　面的电荷对于解释导线内部各处电荷都有相同的速度是必要的

而言，我们假设，即使没有办法解决所提出的问题，原则上，在以澄清对物理现象的理解为目的的文本上，贴上拒绝或怀疑的标记，也是一个有益的智力步骤。我们的重点不是责备作者，而是找出我们自己必须反思的要点：通向下一阶段的路线图。

参 考 文 献

Bächtold，M.(2012). Les fondements des sciences basés sur l'investigation. Tréma，38，7-39.

Belin.(2012). Sciences physiques Classe de Terminale S. Paris：Belin.

Brasquet，M.(1999). Actions，interactions et schématisation. Bulletin de l'Union des Physiciens，816，1220-1236.

Calmettes，B.(dir.).(2012). Didactique des sciences et démarches d'investigation. Paris：L'Harmattan.

Chabay，R. W.，& Sherwood，B. A.(2006). Restructuring the introductory electricity and magnetism course. American Journal of Physics，74，329-336.

da Vinci. Del moto e misura dell' acqua di da Vinci. A spese di Francesco Cardinali，Bologna(1828). Digitized copy of Harvard College Library，Google books. http://www.archive.org/stream/raccoltadautorii10card#page/n537/mode/1up.

Das，S.，Marchand，A.，Andreotti，B.，& Snoeijer，J. H.(2011). Elastic deformation due to tangential capillary forces. Physics of Fluids，23，072006.

Décamp，N.，& Viennot，L.(2015). Co-development of conceptual understanding and critical attitude. Analysing texts on radio-carbon dating. International Journal of Science Education，37(12)，2038-2063.

Edelson，D. C.，Gordin，D. N.，& Pea，R. D.(1999). Addressing the challenges of inquiry-based learning through technology and curriculum design. Journal of the Learning Sciences，8(3-4)，391-450.

Ellenberg，J.(2015). How not to be wrong. London：Penguin.

EU.(2007). Science education now：A renewed pedagogy for the future of Europe (European Commission). Brussels：EC.

Flick，L. B.，& Lederman，N. G.(Eds.).(2006). Scientific inquiry and nature of science：Implications for teaching，learning，and teacher education (Science & Technology Education Library). Dordrecht：Kluwer.

Gauvrit，N.(2007). Statistiques méfiez-vous！Paris：Ellipse.

Gormally，C.，Brickman，P.，Hallar，B.，& Armstrong，N.(2009). Effects of inquiry-based learning on students' science literacy skills and confidence. International Journal for the Scholarship of Teaching and Learning，3(2)，16.

Hibon，M.(1996). La physique est un jeu d'enfant：activités d'éveil scientifique. Paris：A. Colin.

Jacquier，B.，& Vannimenus，J.(2005). La lumière et la matière. Les Ulis：EDP Sciences.

Marchand，A.，Weijs，J. H.，Snoeijer，J. H.，& Andreotti，B.(2011). Why is surface tension parallel to the interface. American Journal of Physics，999-1008.

Menigaux，J.(1986). La schématisation des interactions en classe de troisième. Bulletin de l'Union des Physiciens，683，761-778.

Ogborn，J.(1996). Explaining science in the classroom(p. 65). Buckingham：Open University Press.

Santamaria，C.(2007). La physique tout simplement. Paris：Ellipses.

Viennot，L.(1982). L'action et la réaction sont-elles bien égales et opposées？Bulletin de l'Union des Physiciens，640，479-485.

Viennot，L.(2001). Reasoning in physics the part of common sense. Dordrecht：Springer.

Viennot，L.(2013). Les promesses de l'Enseignement Intégré de Science et Technologie(EIST)：de la fausse monnaie？Spirale，52，51-68.

Viennot，L.，& Décamp，L.(2016). Co-development of conceptual understanding and critical attitude：toward a systemic analysis of the survival blanket. European Journal of Physics，015702(26pp). https://doi.org/10.1088/0143-0807/37/1/015702.

第3章 风险因素

前面第 2 章描述了可能致使学习者拒绝或质疑与物理相关的文本的瑕疵，这些瑕疵有助于我们根据文本中各种不合逻辑的因素来对该文本进行质疑。但是，在发现解释中存在的任何不合逻辑之处或逻辑层面上的明显不足之前，我们试图进行批判的警觉性就可能已经被激活了。本书将其称为对风险情况的识别。简而言之，本书所关注的文本有两种类型。当文本明确传达了不正确的解释或不符合逻辑要求的论证（如第 2 章的例子所示），那么其中某些解释性的元素就要受到批判；或文本可能只是提出了有误导性的解释。要想区分这两种情况并不容易，但这并不十分重要，因为我们的重点并不是评价文本的作者。重要的是要提高（批判的）警觉性，不要被解释所误导，以及当我们和他人一起使用文本时不要去误导他人。

3.1 两种干扰因素

3.1.1 结论的"精确性"

我们首先以一种略带挑衅的方式，将推理过程得出被认为"准确"的结论这一现象，视为干扰我们批判性警觉的因素。这是认知心理学家报告的一个非常普遍的现象：一条被正确或错误地认为是准确结论的推理路线，往往因此而被认为是有效的，但这并不一定正确。Kahneman（2012）认为"这个实验……表明，当人们相信一个结论正确的时候，他们也很有可能相信看上去能支持这一结论的论证，即使这些论证本身是靠不住的"（P. 45）。这是一种"证真偏差"，一般出现在没有任何合理性根据的信念上。但也没理由把这种现象仅仅局限于非理性信念上。当一个论证得出了被物理学家们广为接受的表述时，也能观察到这种现象。

Lavoisier 所完成的实验就是这样一种情况。与 Lavoisier（1789）的原文不同，该实验目前（在法国 8 年级教科书中：Boizier，2012）被作为发现过程的典范，提出的推理是基于对汞在空气中加热的氧化产物的观察（图 3.1）。表面出现一小块红色区域，以及剩余的气体无法让小鼠生存（氧气被用于汞的氧化），这些事实表明这种气体是氮气。这个结论看起来似乎完全可以接受，因为事实上除了少数惰性气体之外，空气是氧气和氮气的混合物，空气中二者的比例与该实验的发现大致相符。但是我们怎么知道图 3.1 的钟罩下面没有其他气体，比如二氧化碳或汞蒸气呢？因此，学校教育所纳入的 Lavoisier 实验，可以归入我们前面所列出的标题：论证的逻辑不完备性。[①]在没有任何其他信息的情况下，无法从这个实验推断出空气的成分。但是既然我们现在知道已经得到了正确的结果，那为什么要担心获得结果过程中一系列推理可能缺乏有效性呢？

图 3.1　Lavoisier(1789，第 I 部分，第 3 章)用于研究空气成分的装置

图 3.2 所示的关于热气球起飞条件的例子也非常具有代表性。如果我们假设气球内外的大气压强(p_0)恒定，我们可以很容易地得到这种经典习题所期望的解法。对于一个总质量为 m_c 的热气球(固体部分)，根据理想气体密度 ρ 与气体温度 T 和(平均)摩尔质量 M 的关系($\rho = \dfrac{Mp}{RT}$，其中 R 为理想气体常数)及阿基米德原理，可以写出牛顿力学平衡方程：$m_c + \dfrac{M}{R}\dfrac{p_{\text{int}}}{T_{\text{int}}}V = \dfrac{M}{R}\dfrac{p_{\text{ext}}}{T_{\text{ext}}}V$，或者承认在热气球内外大气压强等于下方开口的圆孔处压强 p_0：$[1/T_{\text{ext}} - 1/T_{\text{int}}] = m_c R/(p_0 MV)$。

事实上，热气球内外压强均匀分布的假设是荒谬的，因为在任何情况下，升力与压强梯度的存在都有着本质联系。在假设的基础上，需要补充的是，如果热气球气囊内外两侧没有压强差，那就不会产生使热气球上升的力。而且，我们又怎么解释热气球的气囊会因被充气而膨胀？

但使用阿基米德原理——就可以说——化解了这些反对性的意见，因为使用

---

① 前面所列出的标题是指 2.4 节解释的逻辑不完备性（logical incompleteness of an explanation），作者并没有完全区分解释（explanation）和论证（argumentation）。——译者注

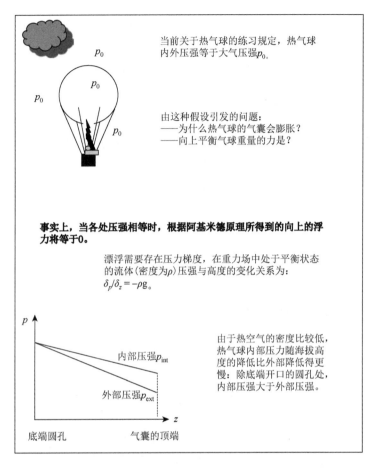

当前关于热气球的练习规定，热气球内外压强等于大气压强p_0。

由这种假设引发的问题：
——为什么热气球的气囊会膨胀？
——向上平衡气球重量的力是？

事实上，当各处压强相等时，根据阿基米德原理所得到的向上的浮力将等于0。

漂浮需要存在压力梯度，在重力场中处于平衡状态的流体(密度为ρ)压强与高度的变化关系为：
$\delta_p/\delta_z = -\rho g$。

由于热空气的密度比较低，热气球内部压力随海拔高度的降低比外部降低得更慢：除底端开口的圆孔处，内部压强大于外部压强。

图 3.2　一种常规教学方式及对其的批判性分析(Viennot，2014)

以上假设，我们得到了想要的结论。这并没有帮助我们质疑论证的出发点。请注意，当明确使用压强梯度时，我们也得出了同样的结论，因为它的第一阶是正确的。

3.1.2　回声解释

人们还普遍注意到，那些应该被批判性分析的解释与常见的推理类似，具有一些共同的典型特征。这里用"回声解释"(echo-explanation)一词来指代这类现象，不管是有意识的还是无意识的，这种现象都是由进行解释的人所激活的。这让人想起 Jacobi(2005)关于公众对科学的理解所提出的观点：

(推动公众对科学理解的作者)与科学中的非科学表述的关系更加模

糊。一方面，作者试图改变他们认为读者持有的那些不恰当的观点。另一方面，他们没有停止对这些熟悉的表述的依赖[1]，也没有停止传播传统观念。同样，书面交流的修辞形式本身就是叙事传统的继承者(P. 148)。

接下来，我们将多次遇到这样的情况：一方面，从公认的物理学角度来看，解释是有问题的；另一方面，在同一领域中，推理也是常见的。将两者的关系视为相互促进的原因并不是冒进的假设。但应该注意的是，那些通常被称为"前科学概念"(pre-scientific conceptions)的内容，并不总是明确和直接地作为我们所讨论的有疑问的论证元素。例如，主张热气球内外气体是等压的，并不是最初构想的明显结果。而其他原因可以解释这种常规教学方式，首先就是这种简化可以得到一个可接受的内部温度值。

3.2　简　单　化

一个明显的风险因素是简化解释或过度使用捷径(如 Michaut，2014)。过度简化的解释可能会破坏解释的一致性。然而，我们还是有必要对简化的可能类型稍作阐述，并提供具体的实例来说明这一总体判断。

3.2.1　实体的指定：并非总是符合人们所认可的物理学

当面对一个解释性或预测性的文本时，第一个关键问题可能是："我们在讨论什么实体？"但是，文本中涉及的概念并不总是以最学术的方式标示出来。有几种常见的违背学术方式的类型。具言之，概念可能具有准物质实体(quasi-material entities)的地位，比如在一本大学生用书中发现的这句话："对于一个特定的高度差，只有一个波长能够到达观测者的眼睛。"[2]当然，在科学环境中，读者可能会像预期那样把"波长"理解为"特定波长的辐射"。对他们来说，这种快捷方式是无害的。

当一句话涉及多个概念时，概念之间的联系并没有得到清晰的阐释，这样的句子常被用于定义概念，这是不太严谨的。最近一本科普书中就有这种表述方式："系统(这里指的是双星系统)轨道周期的加速度"。在这里，大部分人明白，轨道周期缩短，频率会增加。但是在其他情况下就不太确定了，比如同样摘自科普读物的一句话："压强是作用在特定面积上的作用力。"这句话提到的主角是压强、

---

① 对非科学表述的依赖。——译者注

② 在等厚干涉（如劈尖），薄膜的厚度决定了两束相干光的光程差，在薄膜厚度一定的位置，人只能观察到某一波长的光干涉加强。——译者注

作用力、面积，但它们出现的顺序是无序的，而且完全不考虑压强和作用力的"量纲"（即它们的数值是用不同的单位表示的）。

另一个典型的例子是，某些作者通过非常著名的公式 $E = mc^2$（而不是 $E^2 = m^2c^4 + p^2c^2$，p 为动量）来表示质能关系。不难想象，这种表达式会给研究核反应相关问题的 11 年级学生带来什么困难：尽管有质量亏损，但能量还是守恒的；更不用说静质量为零的光子了，尽管它们拥有非零的能量（Bächtold，2014）。

在涉及复杂概念时，比喻（metaphor）也经常被用作捷径或求助手段。在任何情况下，为了找到错误理解可能的来源，关注实体的命名都是有用的。

3.2.2　全有或全无

解释的意愿意味着分类的意愿。在教学中，孩子们被告知有固体、液体或气体之分，镜子会反射光线而其他物体会漫反射光线或让光线通过，有导体和绝缘体之分，等等。这些分类方式能够允许我们对物质世界进行初步描述，因此并不是要反对这种分类。然而，控制这个过程才能发挥它的作用。我们知道，早晚有一天我们会学到，事情并非如此一目了然。玻璃既能反射光也能透光，这是火车上的乘客在从隧道进入露天区域时所看到的事实。关于那些被认为能吸收或不吸收这样或那样光谱的颜料，只要将激光束照射到这些颜料上，就可以确信它们没有被完全吸收（图 3.3）（Viennot and de Hosson，2012，2015）。区分完全吸收和部分吸收，对于保持解释和实验观察之间的一致性以及扩大可解释的范围都是至关重要的。

(a) 一束红色激光　　　　(b) 一束红色激光　　　　(c) 一束红色激光
照射黑色颜料　　　　　　照射绿色颜料　　　　　　照射红色颜料

图 3.3　一束红色激光（$\lambda = 632\text{nm}$）照射在各种颜料上：与全有或全无规则的预测相反（情况 a、b：黑色/绿色颜料完全吸收红光；情况 c：红色颜料完全反射红光），根据照射到的颜料颜色不同，入射光线或多或少被吸收或反射

事实上，与"颜色的减法合成"观点相反，能吸收光的物体（如滤光片或颜料）对光的影响表现为将其强度乘以一个小于 1 的系数（分别对应透射或漫

反射)。全吸收是指这个系数为零，目前任何黑色的颜料都做不到这一点。例如如果这一系数是 0.05(也就是说吸收系数是 5%)，那么强光(比如激光束)在透射或扩散后还是能被观测到的，而"全有或全无"的推理将导致相反的结论。

在日常生活中，我们很容易找到由"全有或全无"分析而导致的类似矛盾的例子。

3.2.3 "小"被等同为"零"

同样，强调"忽略"那些被认为是很"小"的量所导致的风险也是很有必要的。首先，任何物理学专家都会说，知道一个量相对于什么对象而言可以被认为是"小"是很重要的。这在任何领域都是如此。一百万欧元对一个普通公民来说是个大数目，但在许多国家的预算中却显得微不足道。

因此，在热气球的例子中，可以说气囊顶部和底部的压强变化与大气压强相比而言非常小(比值约为 3×10^{-3})。在考虑气球内部或外部气压变化之间的差异时，这一点显得更为真实。因此在考虑与大气压强有关的情况下，所有这些差异似乎都可以被忽略。但有两个反对意见。

一个是，无论内外压强差多么小，它们之间的差异都是产生气球升力的原因。事实上，通过将内部和外部的压强差乘以大约100 米^{2}的面积，可以计算出施加在气囊顶部的力。(实际上，我们必须计算表面积分，而不是简单的乘法运算；乘法运算只适用于圆柱形的热气球，这是一种不太可能的情况。)

另一个则是物理原理的问题。专家分析热气球在空气中保持悬浮的原因，从根本上说是由于压强梯度的存在。否认这一事实会引起严重的一致性问题。即使过度简化并不影响基于阿基米德原理的计算结果，但它对理解我们想要教的现象非常重要。

目前关于液体不可压缩性的假设也是如此。如果密度在任何地方都完全相同，我们该怎么理解在特定温度下处于平衡态的液体中，各处的压力是不一样的呢？(Besson，2004)

第 1 章已经介绍过另一个关于将"小"等同为"零"方面的问题的例子，这是一篇节选自课堂资源网站上的新闻报道，旨在为法国 10 年级的教师在使用文件方面提供启发。它提到了一个跳伞冠军，他通过一个氢气球上升到了 40 千米的高度，"在没有大气的情况下"，他可以做自由落体运动(没有空气的摩擦)。

在这个例子中，"全有或全无"的简化过程仍然在起作用。诚然，与海平面的大气压强相比，40 千米高度的地方压强值的确非常低(千分之几)，但计算表明，这种大小的压强足以保证平流层气球所需的升力。文本其余部分提及了自由落体。因此，跳伞冠军起跳的位置处压强近似为零是可以接受的，但将这一假设和在该位置出现气球"放在一起"就是不可能的。

还需要注意帕斯卡"发现"所谓"空的空间"的实验，实验中被认定是"空"的空间实际上被气态汞占据了。

3.2.4　找到了一个原因：是唯一的原因吗？

在前面第 2 章出现的那个关于铝材料和能量传递的文本中，我们已经不得不正视某一结果同时是由多个原因导致的这一事实。我们观察到的困难与忽略了原因的多元性有关。

另一个例子是 9 年级的一道练习题目："根据地球两极稍扁，请解释为什么库鲁（Kourou）的重力加速度 g 比北极的小。"（P. 65）由于地球两极稍扁，位于北纬 5° 的库鲁市与地球中心的距离比北极与地球中心的距离更远。学生们似乎被寄希望于得出这样的结论——库鲁的重力加速度 g（即地球转动参考系中单位质量的物体受到的引力）比北极的小。但事实上，影响重力加速度 g 的因素有两个：引力相互作用对象与地球中心的距离以及地球自转，后者的影响随着与地球转轴的距离（d）增加而增加（自转对转动参考系中物体加速度的贡献量为：$\Delta g_{\text{rotation}} = -\omega^2 d$，其中 ω 是地球的角速度）。在解释赤道和极地之间观察到的重力加速度差异（0.5%）时，这两种效应所占的比例相近。在此，截断式推理（即仅仅根据单一的现象：与地球中心距离越大，因此重力加速度 g 越小）和观察到的变化方向是一致的，这促进了批判性思维的消解。然而，这种推理是无效的，因为它忽略了一个因地球自转导致的有关现象，这种现象同样也导致了赤道地区的重力加速度更小。

类似的风险也出现在另一本教科书中。读者们被问道："我们如何解释某些星球上没有大气层的现象？"（P. 122）接下来，一个表格提供了五个星球的质量、表面的重力加速度，但没有提供所谓大气层的温度、半径或成分（表 3.1）。

表 3.1　法国 9 年级的一份教学文件中的数据。该文件第一行还呈现了这五个星球的图片，图中星球的半径非常相近

星球	水星	地球	月球	火星	木星
星球质量/kg	330×10^{21}	$5\,956 \times 10^{21}$	73×10^{21}	641×10^{21}	$1\,899\,000 \times 10^{21}$
星球表面的重力加速度/ (N/kg)	2.9	9.8	1.6	3.7	23.1
是否存在大气层	否	是	否	是	是（非常厚）

表 3.1 中的变量并不足以回答问题。为了评估一个气体分子的射出概率，除了它的质量，我们需要知道它的起点（即星球的半径或星球表面的 g 值）和气体分子的速率分布，因此需要知道温度和分子质量。但这个表格中的几行数据表明，

大气层的存在与表面重力加速度 g 之间存在着直接的（也是唯一的？）联系：因此，我们可以在不知不觉中得出一个无效的结论。

单一变量的解释似乎只是一条捷径，这种情况也可能发生。最近，在法国广播电台的一个节目中，出现了一个关于漂浮的风力涡轮机运行的问题：他们的混凝土平台如何浮起来？主持人接着解释说，在混凝土内部有一个洞，"产生了一个遵循阿基米德原理的浮力，浮力方向向上"。漂浮确实意味着存在遵循阿基米德原理的浮力，但反过来却不是这样。事实上，只要物体在重力场（g）的作用下浸入液体，就会立刻产生遵循阿基米德原理的浮力。对于给定的 g 值和给定的流体，浮力只取决于平台在流体（这里是水）中占据的体积（相对于浸入水产生的浮力而言，忽略了浸入空气产生的浮力）。对于漂浮的空心平台，它所受到的浮力要小于位于海床上的同一平台（图 3.4）。另一个作用在平台上的力是平台的重力。漂浮意味着这两个力（向上的浮力和重力）相等。当平台是一个腔体时，它的重量变轻了，使浮力和重力的平衡得以实现。但是与之相反的是，广播中采用了一种简化的因果链：空腔→存在遵循阿基米德原理的向上的浮力→漂浮。如果只是把它们作为解释这种现象的有关元素清单，那么这种简化是合适的。但作为解释，那就是另一回事了。

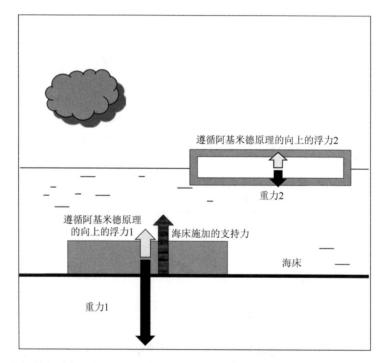

图 3.4　一个混凝土平台，由于它是中空的，所以可以漂浮（情况 2）；基于阿基米德原理求得的浮力小于具有相同外部体积但不是中空的、位于海床上的平台的浮力（情况 1）

3.2.5 单一位置

在科普读物中，对某一现象只考虑单一原因的情况极为常见。这往往与只考虑那个预期因果关系出现的单一位置同时出现。例如，玛丽·居里曾评论过一个（大）试管的例子，它本身装有水，倒置在盛满水的碗上(Viennot，2014)。将试管的末端(底部)插入碗中，碗内水的自由表面处于大气压下。倒立的试管里装满了水，最高可达 2 米(图 3.5)。

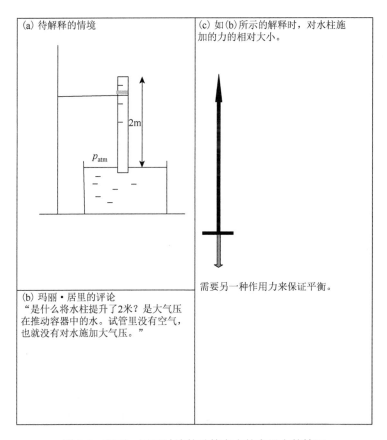

图 3.5　玛丽·居里讨论的试管在水的容器上的情况

玛丽·居里的自问自答是："是什么将水柱提升了 2 米？是大气压在推动容器中的水。试管里没有空气，也就没有对水施加大气压。"(P. 46)

但如果是这样的话，那就不可能达成牛顿第二定律和水柱处于平衡态之间的协调，即水柱只受自身重力(水柱横截面为 0.01 米^2 时，向下的重力约为 200 牛)

和大气通过水面对水柱施加的力(对于同一段管，这个向上的力约为10^3牛)的作用。为了确保平衡，需要对液柱施加另一个向下的压力。实际上施加这个力的正是玻璃的封套(图 3.6)。第二对相互作用发生在试管的顶部。玛丽·居里的研究忽略了这一点，似乎重要的仅仅是水柱的支撑物(碗中水的自由表面)。从物理学的角度来看，一个倒置的水杯，由于其孔口处有一个纸板，可以将水保持在杯内，这是一种很类似的情况。目前的争论，例如玛丽·居里的论证，都只关注了水柱下的情况。

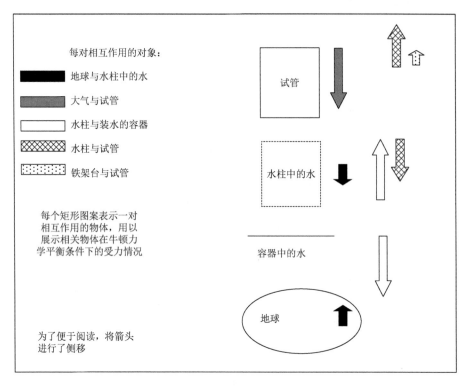

图 3.6　用分体图分析倒置试管的情况(牛顿力学的平衡只适用于试管和水柱)

在动力学中也可以观察到另一个专注于单一物体或一组物体的单一位置的例子。人们普遍认为，施加在物体某一点上的力必然会使靠近该点的区域沿力的方向加速。这种想法可能会让我们相信，地面不可能对行人的脚施加一个向前加速的力，因为接触区会向后移动(尽管非常小)(McLelland，2011)。此外，对于一个可发生形变的物体来说，很有可能物体的质心向前加速而接触的区域向后移动(Viennot，2014)。这就是当跑步者通过助跑器起跑时的情况(助跑器受到了一个非常小的反冲力)。

上面提到的简化因素也涉及现在讨论的解释类型，即故事式的解释、视觉或类比（或比喻）的唤醒，而且这些解释有时会受到批判。

3.3　故事式解释或"线性因果"

3.3.1　显性的故事式解释

让我们设想一段文本并关注文本的结构：

> 当某个人想向其他人解释某些东西的时候，为了吸引听众的注意力，他们会简化所讲的话。这将使得他们一次只谈及一个变量，每次都只解释这个变量的变化对另一变化的影响。这势必采取一种将二元因果影响关系连接起来的线性论证结构。

对一种非常常见的推理倾向的分析恰恰说明了什么是故事式解释。简单的论证是以线性和因果的方式连接起来的。在看似只是一系列逻辑暗示的情况下，将来时态（"他们将……，势必造成"）暗示了时间顺序。听众会很容易适应这种论证结构，就像听故事一样。最后，他们将很少关心，在这个例子中，文本的线性结构除了能够发挥期望的简化功能（例如，故事的吸引力）之外，是否别无其他的作用，或者甚至除了简化之外有没有其他方法来维持听众的注意力。

物理教育研究（Fauconnet，1981；Driver et al.，1985；Rozier and Viennot，1991；Viennot，2001）和认知心理学（Halbwachs，1971；Kahneman，2012）都对这种论证结构及其伴随的风险进行了广泛的研究。在物理教育研究中，它被称为"线性因果推理"。这种表述描绘了一个线性的影响链条，每个环节都提到了一种单一的现象（ϕ）和有关的单一变量的演化：$\phi_1 \rightarrow \phi_2 \rightarrow \phi_3 \rightarrow \cdots \rightarrow \phi_n$。这使我们再次回到了前面提到过的那种减少变量数量（或者说是"函数简化"）的方式。

这与 Kahneman（2012）的看法是一致的："当几种观念需要分别处理或依据某一规则进行组合时，需要努力才能同时维持这几种观念。"（P. 36）就这一点来说，函数简化带来了某种便利。其中之一就是箭头在此发挥的作用，箭头被用于表示解释序列中两个相邻现象之间的关系。谓语之间的箭头表示了一种逻辑蕴涵，即"因此（therefore）"。箭头也可以表示后续事件的发生，即"接下来（next）"。事实上，使用"那么（then）"作为连接词能会更合适，因为它不需要在逻辑蕴涵和时间顺序之间纠结到底选哪个（表 3.2）。

表 3.2　不同的语言中相同的意义模糊性：中间的词语同时能表达逻辑顺序和时间顺序

程度↓	法语	英语	西班牙语	意大利语	中文[①]
逻辑的 (logical)	donc	therefore	por eso	quindi	因此
中间的 (intermediate)	alors du coup	then	entonçes	allora	那么
时序的 (chronological)	ensuite	later next	despues	poi dopo	接下来

总而言之，在线性因果推理中：

- 所关注的事件通常会被简单地使用单一变量来描述；
- 这些事件或多或少以显性的方式，被理解为是按顺序发生的；
- 因此它们也是暂时的，或者至少是暂时被考虑的。

在这种叙述式的解释中，同时性和持续性的行为消失了。这种类型的推理并不适合对系统进行所谓的"准静态"分析，这种分析假设各种变量的值都在同一时间变化，同时不断满足一些简单的关系。

想象这样一个例子，两个弹簧系统(已知未拉伸长度和刚度)首尾相接，顶端悬挂在天花板上、底端被轻轻地拉动。这个系统可以用几个变量(弹簧长度和拉力、总长度、下端弹簧所受的外力)来描述。这些变量之间存在简单的关系，如总长度与每个弹簧的关系(Fauconnet，1981)：需要解决的问题是，当总长度增加 10 厘米时，两弹簧连接点的位移是多少(图 3.7)。一个 10 年级学生写道："第一个弹簧会伸长。然后，过了一会儿，第二个也会伸长。"(P. 112)这种说法暴露了他们对事件的顺序性观念。事实上，如果我们设想 10 厘米的延伸只涉及下面那根弹簧，如果我们基于此继续推断，考虑到它的刚性，作用在下面这根弹簧上的外力，如果我们再考虑这个同样的力作用在上面那根弹簧上，我们会受到影响从而高估作用在弹簧上的力和中间点的位移(我们会得出 15 厘米的答案)。为了找到正确的值，有必要一直将这两个弹簧作为整体来考虑。因为它们都参与了拉伸的过程，因此不需要为了达到 10 厘米延伸量而使用如此大的总拉力。

当然，有人可能会问，为什么一旦有外力作用上面那根弹簧就会"感觉到"，也就是说，它的张力必须根据两个弹簧的张力之间的等式关系发生变化。这种近似的有效性取决于两个时间尺度之间的比较：对于一个非常缓慢地延伸的弹簧系统，接触的相互作用在系统中传播的时间相对于弹簧延伸的时间来说是可以忽略不计的。在当前公认的物理学知识中，这意味着变化的每一步都可以被视为平衡态(即"准静态")，因此使用适用于平衡态的规律是有效的。

热力学还提供了很多准静态分析的例子，在这些例子中，数个相关变量在遵守热力学定律的同时也在发生变化，如理想气体状态方程 $pV = NkT$（p：压强；V：

---

① 表格中每一行的不同语言都有类似的中文意思，中文这一类为译者补充的。

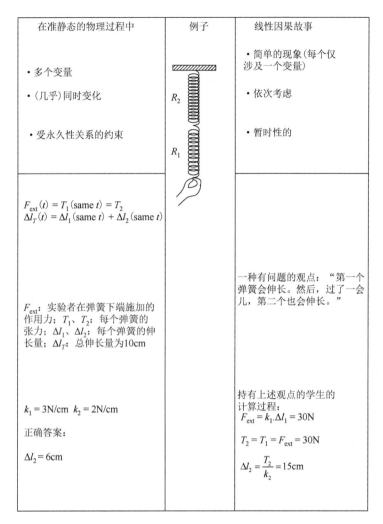

在准静态的物理过程中	例子	线性因果故事
• 多个变量 • (几乎)同时变化 • 受永久性关系的约束		• 简单的现象(每个仅涉及一个变量) • 依次考虑 • 暂时性的
$F_{ext}(t) = T_1 (same\ t) = T_2$ $\Delta l_T(t) = \Delta l_1 (same\ t) + \Delta l_2 (same\ t)$ F_{ext}:实验者在弹簧下端施加的作用力;T_1、T_2:每个弹簧的张力;Δl_1、Δl_2:每个弹簧的伸长量;Δl_T:总伸长量为10cm $k_1 = 3N/cm$ $k_2 = 2N/cm$ 正确答案: $\Delta l_2 = 6cm$		一种有问题的观点:"第一个弹簧会伸长。然后,过了一会儿,第二个也会伸长。" 持有上述观点的学生的计算过程: $F_{ext} = k_1 \cdot \Delta l_1 = 30N$ $T_2 = T_1 = F_{ext} = 30N$ $\Delta l_2 = \dfrac{T_2}{k_2} = 15cm$

图 3.7 以两弹簧串联准静态分析和故事式解释(线性因果)的对比

体积;N:分子数;k:玻尔兹曼常量;T:绝对温度)(Rozier,1988;Viennot,2001,2004)。有一篇文章(Maury,1989,P. 87)解释高空低压(p)的原因,以高空"分子更少"(按单位体积:N/V)作为论据,而忽略了温度(T)可能造成的影响。这使得这种解释与对热气球的解释相悖,热气球内部的分子(按单位体积)比外部少,但在特定高度的压强并不比外部小。一般意义上来说,如果不讨论第三个有关的变量(此时将 N 视为常数),我们试图建立的关于理想气体的二元因果关系是很不准确的。

在日常生活中,只要某一现象的多个影响因素长期互相干扰,例如在经济学中,就不可能仅仅推理出两个变量之间的可能联系而忽略其他变量对这两个变量相互作用关系的影响。

3.3.2　隐性的故事式解释

　　有时解释并不像前面的例子那样有明确的顺序，而是通过文本或图表来暗示顺序。

　　当我们撰写或阅读一段文本时，我们必然会采用按顺序的方式，这可能会让我们认同现象的线性因果关系。即使是"和(and)"这样的连接词，也很容易让人联想到时间顺序或因果关系，或同时联想到两者。这可能就是玛丽·居里向她的青年学生解释虹吸管时所发生的情况(Chavannes，1907，2003)："虹吸管的长管中的水流了出来。产生了一段真空，大气压使水在浸入水容器中的短管中上升。"

　　这段文本中提到了真空，真空看似是水从管子的开口一侧流出来的结果，也是另一侧水上升的直接原因。从更深层次来看，我们应认识到这是一连串简单而局部的论证，从液体流动的地方开始(但它为什么会流动？)到另一侧被大气压向上推的液体结束(但同样的大气压在液体流动的地方也在向上推液体)。解释的完整性和一致性受到很大影响。事实上，我们首先可以想到管子堵塞了。根据容器中的水位和水管末端各自的高度，水管末端的水压可能比大气压高(情况 a)或低(情况 b)。一旦水管的开口被打开，水与空气界面的运动就会被界面两侧两种液体的压强差所决定：向下(情况 a)或向上(情况 b)(图 3.8)。

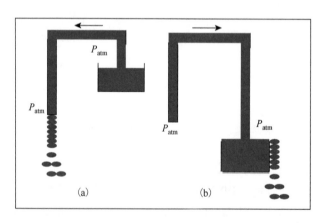

图 3.8　虹吸管的运行取决于系统两端(液体)自由表面各自的高度，而不取决于大气压

　　冒号(：)也可以暗示因果关系，如在这段文字中："在珠穆朗玛峰顶(8848m)，空气稀薄：地球引力不再是海平面的 9.811N/kg，而是 9.760N/kg。"(P. 122)这种隐含的因果关系也会导致歧义或明显错误的观点。事实上，空气稀薄既不是高海拔地区重力加速度(g)较小的原因，也不是其结果。根据流体

静力学定律，在引力场中密度为 ρ 的流体，压强（p）的变化和高度（h）变化有关（$\Delta p = -\rho g \Delta h$），因此任何非零的 g（无论它是否会随高度变化而变化）都意味着压强（和密度）随高度增加而下降。即使在一个恒定的引力场中，空气在高空仍然会变得稀薄；即使在 g 没有任何明显变化的情况下，水压也会随着水池深度增加而增加。

与文本相比，图像的优势在于不强求按某种顺序进行阅读。即使在阅读时从左往右往往是首选的，图像也相对更有利于同时唤醒我们识别出可能影响某一现象的多种因素。因此，图像可让我们避免受到线性因果分析的影响。但图像也可能暗示其特征，如下面霍尔效应的例子所示。

如图 3.9(a)所示的一个平板矩形导电的材料有电流流过，垂直放置在磁场中（电流方向与磁场方向垂直），在平行于磁场和载流子运动方向两侧极板之间存在着电势差。

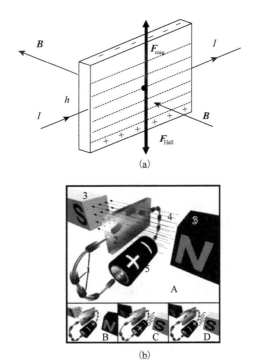

图 3.9　当金属中的载流子（这里是电子）位于电场和磁场中时（F_{Hall} 和 F_{mag} 分别是作用在电子上的横向电场力和磁场力）；(a)：在稳定状态下，载流子的运动方向与没有磁场时相同；(b)：来自维基百科的这张图片意味着稳定状态会保持一个瞬时态

几年前，人们可以在维基百科上看到一张非常有启发性的表示导体中电子路径的示意图。首先，这些电子在没有磁场的情况下沿着与电流平行的方向前进；然后

它们弯向其中一个侧面，但并没有到达那里，反而在离开导体之前又回到了最初的方向[图3.9(b)]。这条轨迹似乎直接见证了这些电子的历史。电子(电荷量 $q=-e$)首先以速度 v 进入磁场 B 存在的区域。它们受到磁场的作用力为 $F_{mag}=qv\times B$ ，这个力随后使得电子横向偏向某一侧，并在该侧聚集起来。电子的聚集使得在导体平行于电子初始运动方向的相对两侧之间产生了一个电场(E_{Hall})。这个电场与导体两边的电势差有关。然后电子受到一个静电力($F_{Hall}=-eE_{Hall}$)的作用，静电力迫使它们回到中间的轨迹，然后它们再次沿轴线运动。

事实上，这种想法并不适用于稳定状态。如果电子向一侧偏移，即它们有一个垂直于该侧的分速度，这意味着它们在那一侧聚集。但是电子的聚集受限于电子产生的静电场的排斥。当磁场的作用力完全被静电排斥力抵消时，电子的聚集就不会再进行下去了(稳定下来)，这种情况会在很短的时间内发生。然后电子就会"做直线运动"(平均而言)。图3.9(b)中描绘的电子蜿蜒曲折的运动轨迹是两种现象按时间顺序排列的几何直观图，但事实上，这两种现象是同时发生的，并在稳定状态下相互补偿：由于两侧电荷的积累而产生的静电排斥力，以及由于磁场产生的作用力。

稳定性(稳定状态下的情况)和同时性是不容易设想的。例如在这个故事中，我们很想说一切都从磁场作用力开始。

这些故事的共同点是多个现象涉及多个同时相互影响的因素(霍尔效应的电场作用力和磁场作用力，气体的体积、压强和温度，第一根和第二根弹簧，虹吸管一侧的水压和另一侧的水压)。这些因素促成了某些对立，在准静态条件的情况下产生了各种折中的方案(霍尔效应中电子的"直线运动"，两个弹簧在伸长的时候保持了几乎相等的张力)。提醒我们注意这一点的价值在于,对于复杂的现象(整个物理学！)，当一个解释明显是线性的因果关系时，我们可以保持警惕。

这不仅在物理学中是如此。如经济学也涉及多个变量间复杂的相互作用。我们总是惊讶地听到这样那样的演讲者说，如果国债减少一切都会好起来(因此……，这意味着……)，而另一个人则说如果公民的购买力因税收减少而提升一切都会好起来(因此……，因此……，这意味着……)。这些完全相反的线性因果论证似乎都是无可争辩的，他们都预言公民的福利会增加。没有人提到必要的折中，没有人提到要在多种制约因素(货币价值、出口等)之间找到一个平衡。因此，人们可能会认为这些论证可以支持转向一个极端：是否应该完全取消税收？这是一个好问题，是物理学家可能会问的那种问题。

叙述性的解释为受众提供了一些安慰。我们刚刚讨论了相关的风险。但考虑到它们在科普情景下出现的频率(Viennot，2007)，我们可以认为受众对它们很满意：人人都喜欢故事。这是一个典型的回声解释的案例，因为这种论证结构与常见的推理具有很多共同之处。

3.3.3　故事式解释：什么时候风险是真实的

有一个例子可以表明，即使文本中没有错误的表述，对风险的了解可以预测到解释对特定受众的可能影响。高等教育阶段的学生们（1—3 年级，$N_T = 181$）被要求阅读下面这段文本（Valentin，1983）：

> 每个分子的平均动能足以阻止我们周围的气体分子相互结合：在气体中，分子不断地碰撞和反弹。但如果温度降低，系统将能够变成液体，甚至固体。随着温度的降低，当分子的动能变得非常小，以至于它们不能再抵抗分子之间的电磁相互作用时，就会发生物态变化的现象。它们先聚集为液态，最后在固态下被进一步束缚。(P. 13)

如前面所讨论过的，这段文字可能会引起人们在某些方面的担忧：解释的结构呈现出线性的因果故事，这可能会导致关于液态或气态分子的平均动能的数值的错误结论。

为了澄清这一点，学生们被进一步要求阅读下面这段话：

> 在液化的任何时刻，气体分子的平均动能大于液体分子的平均动能（在给定的这段时间内，液体和蒸气处于热平衡状态）。

学生们被问及他们是否认为文本暗示了上述这种说法及这种说法是否真实。绝大多数学生认为第一段文本表达出了这样的说法（77%，$N = 181$），并认为该说法是对的（80%）。然而作者在下一页指出，热力学平衡时液态和气态分子的平均动能是一样的。因此要求学生评价的这段话是错误的，而且也不是文本所要传达的。然而学生们却认为那是他们读到的内容。这个结果应该如何解释呢？可能只是因为学生们认为这句话是真的，所以他们认为自己读到了他们已经认为是正确的东西。仔细观察，我们发现这段话隐含着时间性的关系：如果……将能够……当……非常小，以至于它们不能……先……最后。这种结构可以表示为一个逻辑链：$\phi_1 \rightarrow \phi_2 \rightarrow \phi_3 \rightarrow \cdots \rightarrow \phi_n$。这助长了在解释中插入时间的普遍倾向。这段文本可以作为一个故事来阅读。首先是气体，然后是液体。同时，温度降低，然后是平均分子动能下降。因此，平均分子动能这个量在故事结束时比开始时要低。在文本的描述中，这两种相（液相和气相）处于热平衡状态，即同时存在、温度相同，因此具有相同的平均分子动能。

学生们的回答表明，他们在文中看到了时间结构，这掩盖了这段话所要表达的同时性思想；这显然导致他们认为平均动能在一个阶段（"最后阶段"）比在另一个阶段（"第一阶段"）更低。

无论如何，我们都不能对这种非常大的错误解读率无动于衷，这出乎意料地与激发本项调查的预期相呼应。

尽管如此，线性因果结构并不是导致解释信息被扭曲解读的唯一因素。

3.4　视觉信息或类比：展示或强烈暗示的风险

3.4.1　实验的证据

就文本解释而言，风险与展示的意愿有关。我们在此不讨论"实验演示"（参见附录 A）有效性的一般问题，而是关注实验提供的视觉信息。"看见就是理解"是一个流行的说法。但我们应该非常谨慎地考量这种说法。首先考虑 Euler（2004）对这个说法提出了与之相关的循环表述："你理解你所看到的"，但也存在"你看到你所理解的"（P. 193）。看一眼不是被动的，它会根据主人的智力活动或情意状态选择自己的方向，也忽略了许多东西。很有可能的是，一个人根本没有看到我们想让她看到的东西，或者在看到一个实验结果时说"你作弊了"（Maury et al.，1977，PP. 15-25）。也有可能，她看到了她想看到的东西，但对理解来说并没有发挥预期的积极作用。例如，在激光束的传播路径上散布灰尘来使得光线"可视化"可以加强特定的错误观念：光就像一列经过的火车，从任何地方都可以看到。使用"射线箱"来"显示"光的直线传播也看似很好，以至于对这种方式的批判早已被遗忘（图 3.10，也可参见 Kaminski，1989）。至于我们的学生，他们很高兴看到（他们认为的）他们在课堂上所研究的光线，他们更不愿意质疑他们所观察的光路的意义。当然，在文本中描绘"光的可视化"过程、展示相关的美丽照片也同样有产生误解的风险。

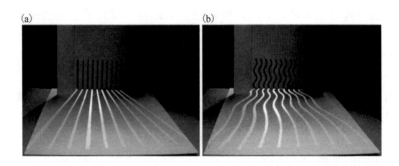

图 3.10　(a)：一盏小灯在屏幕后面，屏幕上刻画出平行缝隙，在表面上产生光的痕迹；修改后的(b)避免了过于简单的做法。在这两种情况下，所看到的都是一组影子：观察到的痕迹不是光线（图片来源：W. Kaminski）

3.4.2　基于图像或图表的解释

许多研究表明，以图像或图表作为解释的基础并不会减少风险（Kress and Van Leeuwen，1996；Gauvrit，2007）。无论是否符合作者的意图，图像表征可能会在无意中引入一些元素，而这些元素对于接受者来说可能会改变试图传达的信息的含义。就像口头陈述一样，图像信息可能明显不符合科学界公认的物理学知识，但图像也可能在没有严格说明"错误"的情况下，诱导读者感知到某些物理学专家不曾关注的信息。特别是对于可能在课堂上使用这些材料的老师来说，明晰后一种情况是很重要的。在教学中，图像或图表对完成我们的解释很有用，我们决不应避免使用它们。但重要的是要知道相关的风险。

以下概述了一些风险因素（Pinto et al.，2000；Colin et al.，2002）。

1. 现实主义和象征主义

图像的目的是展示，质疑这个目的似乎很奇怪。然而有一种风险是，一些本来被设计为象征性的元素最终被视为准物质，就像一个普通的物体那样。Bachelard（1938）指出了"实质主义的障碍"，他认为这种障碍是一般思维所固有的，这种障碍包括将概念视为普通的物体从而具有潜在的解释功能，如"电是一种胶水"（P. 119）。这显然可能是暗示性的图像文档所造成的。例如，想想这些在灰色背景上用白色画出的光线，这就像在许多教科书中的一样（如 Crawford，1965）。

当它们被画在放大镜后面，通过放大镜显示光线在粗糙表面上的漫反射时（图 3.11），学生们可能会得出结论（Colin et al.，2002）：放大镜是为了"显示极小的、我们看不见的光线的轨迹"（P. 317）。

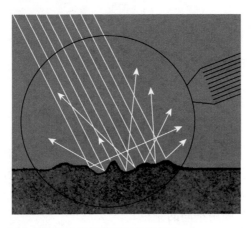

图 3.11　粗糙表面对光线的漫反射示意图（Karplus，1969，P. 124）

这些学生还远远没有理解，光线是（在有限的情况下）用来解释光的传播的模型，而不是可以从任何地方都能看到的发光的意大利面条。

有时出于科普的考虑，在通俗的叙述中，概念是准拟人化的，就像或多或少疲惫不堪的小电子一样，它向我们展示了电路中电流的历程。还有一种情况是，只展示了一个物体的某一个方面，但没有认真考虑它的实际工作方式。例如，把一个放大镜放在广告画中最引人注意的地方，一个利用放大镜观察的小人站在放大镜后方却没有丝毫的变形，就好像放大镜只是为了帮助他看清一个方向的光线（图 3.12）。

图 3.12　科学工作坊的广告页面节选（Reflets de la physique，2017）

2. 不同实体的符号相似性

有时当符号工具箱过于有限时，一个符号被用于表示两种不同的含义。箭头就是这种情况的典型代表。任何一位力学教师都会发现，如果不使用不同的颜色来区分速度、加速度和力，在同一个图表上同时表示这些量，就会增加混淆这些量（尤其是在高中或大学阶段的学生中，常常会看到不恰当地将力和速度相加的情况）的风险。因此，必须用不同的颜色！

图 3.13 呈现了另一个符号相似性的案例，这个案例是关于视线和光线的方向。

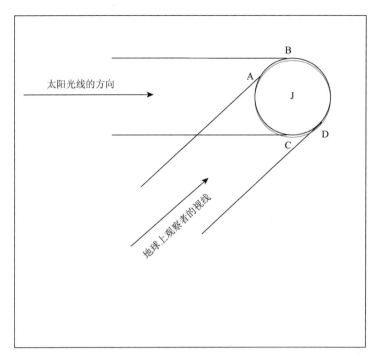

图 3.13　从地球上看到的木星：用同样的符号表示视线和光线的方向（一个非常简化的图像版本，见 Botinelli et al.，1993，P. 121）

难怪 12 年级的学生会说 "CD 在阴面，但 AB 也在阴面"（Colin et al.，2002，P. 320），更别说当我们知道共同推理如何容易混淆视线和光线路径时了（de Hosson and Kaminski，2007）。

另一个典型的例子是杨氏双缝干涉（图 3.14）。可以说，这种表征方式掩盖了几何光学中的光线（对分析狭缝前物理过程很有用）和光路之间的区别，而光路对计算到达狭缝外某一点的光振动的相位很有用（Colin and Viennot，2001）。

3. 过度选择表征元素

图像的目的是展示，为了达到这个目的，设计者必须选择对预期信息有用的元素。为了突出某些元素，有必要忽略一些其他元素。然而这却有可能造成误解，因此，有必要在这种风险和适得其反的复杂性之间进行权衡和协调。图 3.14（a）也反映了两者相对立的地方，因为它没有显示 "光路的相位"。与图中显示的那些相比，光路对于分析屏幕上某一点的发光状态是很有用的。

至少在教授干涉课程伊始，呈现两个以上的相位对应的光路是很有价值的 [图 3.14（b）]。例如，这可以避免让学生认为光经过每个孔后发生 "偏折"（这是几何光学的概念），而事实上这是衍射的作用，光绕过小孔向多个方向传播：

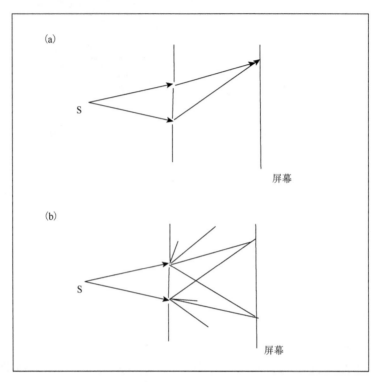

图 3.14　杨氏双缝干涉实验的典型示意图(a)和另一种表示方法(b)，(b)避免了符号的相似性，
强调了逆向选择光路以计算相位差

当选定的光到达在屏幕上的点后，再选择光路就变得合理了(这是一种"逆向选择"；Colin and Viennot，2001)。

值得注意的是，这种"光线偏折"的想法与主人公(光线)在遇到障碍后孤独前行的描述相吻合，光线知道它要去哪里。这与故事般的解释相差无几，而像图 3.14(a)这样的图像并不能帮助我们远离故事式解释。

第二个例子与颜色有关。这个例子与之前研究中使用过的图像有关(Colin et al.，2002)(图 3.15)。它现在在教科书中出现的频率比较低。

因此，我们可以把这幅图看作一个例子，既说明了图像的过度选择性(因为缺少了工具性的语境)，也说明了符号的相似性。图中的两个部分都被圆占据了，尽管没有什么能阻止设计者将颜色的过滤器呈现为其他形状，比如矩形。12 年级学生常会因此产生典型的错误理解："加色法合成就是把红、绿、蓝三色的滤光片叠加起来，在三种颜色滤光片重叠的地方得到白色。"(Colin et al.，2002，P. 327)使用黑色的背景会更符合加色法合成的原理，因为它可以显示没有光到达的地方(是黑色的)。因此这个图像在解释加色法和减色法的时候就出现了一种风险。

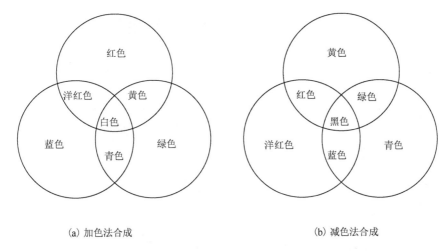

(a) 加色法合成　　　　　　　　　　　　(b) 减色法合成

图 3.15　加色法和减色法合成规则的惯用表征；缺失工具性的背景(见文本)

　　一个干扰因素是这些规则的"全有或全无"特性,正如上文所强调的(图 3.16)。在缺乏有关光谱强度或滤光片、颜料的光谱吸收曲线的信息时,我们可能(错误地)认为,任何绿色颜料都会完全吸收所有红光。然而,任何颜料的吸收能力,包括黑色颜料,都是有限的:当强光照射时,黑色物体仍会漫反射出足够的光线,使受光区域能够被看到。即使在普通光照下,我们仍能辨认出黑色物体的三维形状,这意味着它们向我们反射了一些光线。画家皮埃尔·苏拉热(Pierre Soulages)以其对黑色的独特运用而闻名,他将这种现象称为"黑光"(black-light)。

4. 图像的结构和表征的尺度

　　图像的构图成分也或多或少无意地传达了一些信息。这是关于符号信息分析的研究文献中最为强调的方面之一(Kress and Van Leeuwen,1996)。在广告中,图像的构成显然是至关重要的。与科学有关的图像可能也会传达同样类型的隐含信息,但这一点也许就不是那么明显了。

　　在法国 10 年级物理和化学教学大纲的配套材料中,有一节关于数量级的文件(Centre National de Documentation Pédagogique,2000),出现了两个外星人(extra-terrestrials,ETs),他们注视着黑色背景下地球的大陆和蓝色海洋(图 3.16)。他们通过望远镜可以看到两个毛茸茸的人类正在试图制造火种。学生们被要求分析这些外星人如何推断出他们与地球之间的距离,因为他们可以通过光的传播接触到这个史前场景(大约比外星人的讨论早 30 万年)。

　　然而,一位眼光敏锐、辨识能力强的分析家可能会想,外星人是如何在他们的星球上就区分出地球上的大陆和海洋的,毕竟他们与地球之间的距离约为 30 万光年(3×10^{18} 千米)。一项关于如何引导学生形成批判性态度的实验研究发现(Feller

图 3.16　法国 10 年级课程建议的配套材料

et al.，2009)，参与研究的 10 年级学生已经普遍具有较高的水平，不仅可以批判图片，还可以站在画图人的立场上考虑问题，思考他/她应该如何以一种可辨认的方式为我们描绘地球。这是一个有价值的步骤，它可以作为对不同能力水平的学生进行批判性分析教育的一个目标。

3.4.3　通过类比或隐喻的"证明"

乍一看关于物理学的解释，使用图像表征与使用明确的或暗示性的类比(后一种情况下更偏向隐喻)似乎非常不同。然而这两种策略有一些相似之处。在这两种情况下，目标都是通过更直接的可感知的再现来促进认识物理学那些不太直观的主题下的概念，尽管在类比的情况下，假定相关的证据并没有任何视觉中介的参与，而是直接来自心理表征。

将一个待解释的情境和另一个听众或读者更了解的情境进行类比，是解释中非常流行的一种工具。尤其是当目标受众是初学者时，情况就更是如此了，但也不仅仅是这样。隐喻作为一种隐性类比，优点和风险都与类比有相似之处。在这两种情况下，我们都希望从更加熟悉的"源"情境借用常用的术语（Gentner，1983），这样我们就可以很容易地将我们对"源"情境的了解移植到"目标"情境。一些解释要素在概念上是可理解的，这并不是通过图像，而是通过原则上随时可得到的心理表征。既然如此，众所周知，即使两种情境之间有一些共同的特征或相同的结构，但由于情境不一样，直接将它们等同起来是不行的。因此，有必要在适当的时候停止移植。这产生了一个需要重视的风险。运用类比进行解释时可能会不经意暗示待解释的情境拥有了一些它本不具备的特征。例如，在学习串联电路时将电动势和河水的重力势之间的类比，可能暗示电路中的某一点将始终处于相同的电位，但这是错误的。在此基础上，我们也可能认为改变下游的东西对上游没有影响，这也同样是错误的。然而值得注意的是，物理学中使用的许多词汇都满含着隐喻。关于这一点，Ogborn（1996）提醒我们，法拉第发明了"离子"和"电极"这两个词，而它们的希腊语词源会分别让人联想到"一个远去了的物体"和"一种供电的方式"（P. 74）。

我们可能注意到，在类似科普的解释中经常出现拟人现象，这是一种特别危险的类比形式。最终的解释甚至可以被完全看作一种拟人的形式：以渗透作用为例，人们经常说，水穿过半透膜时从浓度较低的溶液流向浓度较高的溶液，是为了降低后一种溶液的浓度，这也就是说好像水想这样做一样（参见附录 I）。一般来说，隐喻和类比对于解释物理现象非常有用，但一个保持警惕的批判性分析者会仔细考虑这些工具的局限性。如果我们被哄骗到隐喻的诗意中，那就太天真了。我们对宇宙的隐藏质量（暗物质）、黑体和同样黑的黑洞都称为黑已经有了很多问题。

类比特征的明确性，使得比起隐喻，它在待解释的现象（目标）和应该有助于理解的情境（来源）之间有更详细和可控的平行关系。它突出了两种形式结构的相似性，这可能是因为被比较的是两种情境。后文的几个例子将显示谨慎使用类比的好处（参见附录 D、F 和 G）。

3.5　多种风险：指导批判性分析的关键点

在考虑推理解释性路线所面临的危险时，我们对其多重性感到震惊。值得注意的是，对于一段文本，部分风险可能会被同时发现。关于杨氏双缝干涉的材料(图 3.14)，同时是符号相似性和表征元素过度选择的例子。关于色合成的材料也是如此(图 3.15)。同样，一个文本可能既有类似故事的结构，又有一定风险的隐喻语言，比如上面讨论过的对物态变化的分析("分子不能再抵抗……")，这两个特征应该会吸引读者。尽管如此，这些风险因素并不一定会严格限制一篇文本的解释价值。要理解这一点，必须考虑目标受众。一个孩子很可能被图像里放大镜后面的一些光线所误导；而对于精通科学的成年人来说，这种情况就比较少。此外，所有这些有风险的特征都是为了让读者(或听众)在智力上感到舒适，因此应该从折中的角度来判断它们的有用性。

从批判性分析教育的角度来看，我们将在后几章讨论本章所描述的分析要素如何辅助指导对文本进行批判性研究。

参 考 文 献

Bachelard，G.(1938). La formation de l'esprit scientifique. Paris：Vrin.

Bächtold.(2014). L'équation $E_{\text{libérée}} = |\Delta m| c^2$ dans le programme et les manuels de première S. Recherche en Didactique des Sciences et des Techniques，10，93-122.

Besson，U.(2004). Students' conceptions of fluids. International Journal of Science Education，26(14)，1683-1714.

Boizier，C.(2012). Difficultés associées à l'usage d'un texte historique de première main：Travail sur la description de l'expérience démontrant la composition de l'air par Lavoisier en classe dquatrième. Master de didactique des disciplines. Université Paris Diderot-Paris 7.

Botinelli，L.，Brahic，A.，Gouguenheim，L.，Ripert，J.，& Sert，J.(1993). La Terre et l'Univers. Paris：Hachette.

Centre National de Documentation Pédagogique(France).(2000). Document d'accompagnement du programme de Seconde Générale(grade 10).

Colin，P.，& Viennot，L.(2001). Using two models in optics：Students' difficulties and suggestions for teaching, Physics education research. American Journal of Physics Sup.，69(7)，S36-S44.

Colin，P.，Chauvet，F.，& Viennot，L.(2002). Reading images in optics：Students' difficulties，and teachers' views. International Journal of Science Education，24(3)，313-332.

Crawford，F. S.(1965). Berkeley physics course vol. 3，waves. New York：McGraw-Hill.

de Hosson，C.，& Kaminski，W.(2007). Historical controversy as an educational tool：Evaluating elements of a teaching-learning sequence conducted with the text "dialogue on the ways that vision operates". International Journal of Science Education，29(5)，617-642.

Driver，R.，Guesne，E.，& Tiberghien，A.(Eds.).(1985). Children's ideas in science. Milton Keynes：Open University Press.

Euler，M.(2004). The role of experiments in the teaching and learning of physics. In E. F. Reddish & M. Vicentini(Eds.)，Research on Physics education(International school of physics Enrico Fermi). Amsterdam：IOS Press.

Fauconnet，S.(1981). Etude de résolution de problèmes：quelques problèmes de même structure en physique，Thèse de troisième bicycle，Université Paris 7.

Feller，I.，Colin，P.，& Viennot，L.(2009). Critical analysis of popularisation documents in the physics classroom. An action-research in grade 10. Problems of education in the 21st century, 17(17), 72-96.

Gauvrit, N.(2007). Statistiques méfiez-vous! Paris: Ellipse.

Gentner, D.(1983). Structure-mapping: A theoretical framework for analogy. Cognitive Science, 7(2), 155-170.

Halbwachs, F.(1971). Réflexions sur la causalité physique. In M. Bunge, F. Halbwachs, T. S. Kuhn, J. Piaget, & L. Rosenfeld(Eds.), Les Théories de la Causalité. Paris: Presses Universitaires de France.

Jacobi, D.(2005). Les sciences expérimentales communiquées aux enfants. Grenoble: Presses Universitaires de Grenoble.

Kahneman, D.(2012). Thinking fast and slow. London: Penguin.

Kaminski.(1989). Conception des enfants et des autres sur la lumière. Bulletin de l'Union des Physiciens, 716, 973-996.

Karplus, R.(1969). Introductory Physics a model approach. New York: Benjamin Inc.

Kress, G., & Van Leeuwen, T.(1996). Reading images: The grammar of visual design. London: Routledge & Kegan Paul.

Lavoisier, A. L.(1789). Traité élémentaire de chimie(Vol. 1, planche IV, Fig. 2).

Lessons by Marie Curie, collected by Isabelle Chavannes in 1907.(2003). Physique élémentaire pour les enfants de nos amis. Coord. B. Leclercq. Paris: EDP Sciences.

Maury, J.-P.(1989). La glace et la vapeur, qu'est-ce que c'est? Paris: Palais de la Découverte.

Maury, L., Saltiel, E., & Viennot, L.(1977). Etude de la notion de mouvement chez l'enfant à partir des changements de référentiels. Revue Française de Pédagogie, 40, 15-25.

McLelland, J. A. G.(2011). A very persistent mistake. Physics Education, 46(4), 469-471.

Michaut, C.(2014). La vulgarisation scientifique: mode d'emploi. Les Ulis: EDP Sciences.

Ogborn, J.(1996). Explaining Science in the classroom(pp. 70-71). Buckingham: Open University Press.

Pinto, R., Ametler, J., Chauvet, F., Colin, P., Giberti, G., Monroy, G., Ogborn, J., Ormerod, F., Sassi, E., Stylianidou, F., Testa, I., & Viennot, L.(2000). Investigation on the difficulties in teaching and learning graphic representations and on their use in science classrooms, STTIS transversal report(WP2), www.uab.es/sttis.htm and http://www.lar.univ-paris-diderot.fr/sttis_p7/index.htm.

Reflets de la physique.(2017). n° 52, Paris: Société Française de Physique.

Rozier, S.(1988). Le raisonnement linéaire causal en thermodynamique classique élémentaire. Paris, Thèse, Université Paris 7.

Rozier, S., & Viennot, L.(1991). Students' reasoning in thermodynamics. International Journal of Science Education, 13(2), 159-170.

Valentin, L.(1983). L'univers mécanique. Paris: Hermann.

Viennot, L.(2001). Reasoning in physics the part of common sense. Dordrecht: Springer.

Viennot, L.(2004). Common reasoning in physics: Relations fonctionnelles, chronologie et causalité, In L. Viennot, & C. Debru(dir.)Enquête sur le concept de causalité(pp. 7-29). Paris: PUF.

Viennot, L.(2007). La physique dans la culture scientifique: entre raisonnement, récit et rituels, Aster n° spécial « Science et récit », n°44, 23-40.

Viennot, L.(2014). Thinking in physics, the pleasure of reasoning and understanding. Dordrecht: Springer.

Viennot, L., & de Hosson, C.(2012). Beyond a dichotomic approach, the case of colour phenomena. International Journal of Science Education, 34(9), 1315-1336. https://doi.org/10.108 0/09500693.2012.679034.

Viennot, L., & de Hosson, C.(2015). From a subtractive to multiplicative approach, a conceptdriven interactive pathway on the selective absorption of light. International Journal of Science Education, 37(1), 1-30. https://doi.org/10.1080/09500693.2014.950186.

第 4 章　分类的优点和局限

实施批判性分析：第一种方式

在第 2 章和第 3 章对文本中的各类缺陷和风险因素进行讨论之后（总结见表 4.1 和表 4.2），我们现在要讨论的是应如何利用前面产生的框架来分析解释性文本。

表 4.1　文本批判性分析中的主要缺陷类型

缺陷类型	本书中的引用
内部矛盾	第 10 页
与定律的直接矛盾	第 11 页
与定律的间接矛盾	第 12 页
逻辑不完备	第 15 页
过度概括	第 16 页
与思想实验不相容	第 17 页

表 4.2　文本批判性分析中的主要风险因素

风险因素	本书中的引用
文本结论的精确性	第 23 页
回声解释	第 25 页
对目标实体的非标准指定	第 26 页
全有或全无	第 27 页
"小"被等同为"零"	第 28 页
只考虑到一个原因	第 29 页
只考虑到一个位置	第 31 页
显性的故事式解释	第 33 页
隐性的故事式解释	第 36 页
图像：现实主义和象征主义	第 41 页
图像：符号相似性	第 42 页
图像：过度选择	第 43 页
图像：结构和尺度	第 45 页
类比或隐喻	第 46 页

一份关于渗透的材料：一个缺陷较为明显的例子

现在，让我们设想一下由图4.1和一段关于渗透作用的文字组成的一份材料。

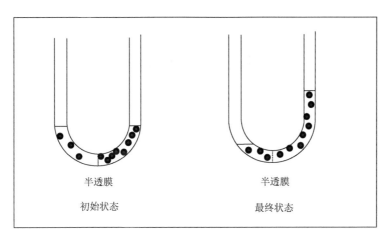

半透膜　　　　　　　　　　　　　半透膜

初始状态　　　　　　　　　　　　最终状态

图4.1　表示从初始状态到渗透平衡态的演变过程(在维基百科法文版和英文版中经常可以看到等效图)

文本对与图 4.1 相类似的图进行了描绘(Bouissy et al.，1987，P. 110)：

> 由于对溶剂来说，发生的所有事情和膜不存在时一样，因此会出现非平衡的情况(……)，溶剂继续流动，直到新的平衡态(最小自由能)。因此，当 A 和 B 中的浓度相等时，膜两侧溶剂会有不同的液面高度(……)，才会出现压力差 $\Delta p = p_A - p_B$，(……)称为渗透压。

这份综合了文本和图片的材料呈现了几种类型的缺陷。

第一个缺陷，材料与科学界公认的渗透理论之间存在间接矛盾。事实上，从初始状态到平衡态，膜两侧的溶质浓度并不完全相同。在平衡态下，表征绝对温度 T、压强 p 和物质的量浓度 C 的函数——"含溶质的溶剂的化学势"在膜的两侧是相同的。对于小分子的稀溶液，该函数的表达式为：$\mu(T,p,C) = \mu_0(T,p) - CkT$，其中 $\mu_0(T,p)$ 是纯溶剂的化学势，k 是玻尔兹曼常量(如 Diu et al.，1989，P. 408)。由此可见，在平衡态下，如果膜两侧的浓度和温度相同，那么压强也相同。然而，该文的读者可能并不熟悉有关理论。

第二个缺陷可以通过一个思想实验来揭示：让我们想象一下把纯水放入膜的左侧，它将不断地进入溶质浓度更高的右侧。这种情况并不会发生，你也不需要通过实验来说服自己(即使尝试一下也很有趣，如图4.2所示)。

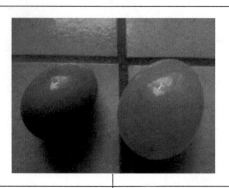

把剥去外壳的生鸡蛋在醋中长期浸泡，鸡蛋会被一层半透膜与外界隔开。然后再将其浸入纯水中，它的体积不会无限增加。	在平衡态下，半透膜处于张紧状态。 在浸泡期间，鸡蛋中的压强增加，溶质的摩尔浓度下降。在平衡态下，这些量都与它们在纯水中相应的数值不同。
左：渗透结束后鸡蛋(右)的原始尺寸。	

图 4.2　(鸡蛋内)溶液和纯水之间渗透平衡的家庭实验：在平衡态下，纯水的转移受到鸡蛋内部压强增加的限制

最后，第三个缺陷可由另一个"思想实验"揭示：在作者假设的最终状态下，液面高度不同而浓度相同。但可以想象一种情况［图 4.3(a)］，即膜两侧管中的溶液含量与图 4.1 所示的膜左侧管中的最终溶液含量相同；这时膜两侧的一切都相同，是一种平衡态。这里有两种可能的平衡，图 4.3(a)中膜两侧液体质量相同，

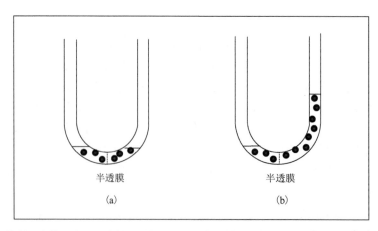

图 4.3　根据所研究的文本，平衡的两种情况都有可能出现。(a)是完全对称的，显然处于平衡态，(b)则如图 4.1 所示：左侧相同的内容与右侧两种截然不同的内容处于平衡态

图 4.3(b)中膜两侧液体质量不同,但这时候溶液都处于平衡态、浓度都相同。我们有充分的理由感到惊讶(表 4.3)。

表 4.3　与渗透作用材料有关的缺陷类型

缺陷类型	是否存在
内部矛盾	—
与定律的直接矛盾	—
与定律的间接矛盾	是
逻辑不完备	—
过度概括	—
与思想实验不相容	是,有两个思想实验

作者怎么样才会写出这样一份材料,它又如何才会被校对者接受的呢?表 4.4 中报告了可能影响作者的因素。

表 4.4　与渗透作用材料有关的风险因素类型

风险因素	是否存在
对目标实体的非标准指定	—
文本结论的精确性	否。因为在平衡态下,两侧管中的溶质浓度不可能是相同的。为了使溶质浓度在平衡态下相等,膜两侧的压强必须相等 但也有符合物理学的正确元素。膜两侧溶剂会有不同的液面高度(⋯⋯),因此会出现压力差 $\Delta p = p_A - p_B$,(⋯⋯)称为渗透压。这些元素可以帮助文本看起来可接受
回声解释	是。通过注重其中一个单独的物理量(溶质浓度)和使用叙述性的解释。想象当所设想的唯一原因消失时就达到了平衡,从而得出了不正确的结果
全有或全无	—
"小"被等同为"零"	—
只考虑到一个原因	是。唯一考虑到的原因是溶质浓度的差异。没有考虑压强差的反作用
只考虑到一个位置	—
显性的故事式解释	是。"出现非平衡的情况(⋯⋯),溶剂继续流动,直到新的平衡态(⋯⋯)因此,当 A 和 B 中的浓度相等时,膜两侧溶剂会有不同的液面高度(⋯⋯),才会出现压力差 $\Delta p = p_A - p_B$,(⋯⋯)"
隐性的故事式解释	在这里,解释的叙述结构是明确的
图像:现实主义和象征主义	
图像:符号相似性	有人可能会批判溶质的表征,因为它展现出(必然)过大的少量溶质分子,而水却没有采用类似的方式被表征为微粒状。这种现实主义只可能严重误导科学经验不足的人,而在对渗透作用感兴趣的人中并不常见
图像:过度选择	
图像:结构和尺度	
类比或隐喻	—

这一分析引出了几点值得注意的地方。

首先，并非所有的风险对所有类型的受众都有同样的影响。一小部分溶质分子以清晰可见的彩色圆圈的形式出现在代表水的无色连续背景上，这可能不会干扰一个即将毕业的学生，但一个孩子却可能误解这样的图像。

其次，所有类别的问题都可以争辩。例如，我们是否可以断言，图 4.1 中的图像意味着故事式解释，仅仅是因为最终的平衡态膜两侧管中溶液的浓度相同，这又似乎是由一个单一原因(溶质浓度的初始差异)决定的？话虽如此，当文本中明确表达了同样的内容时，为什么还要担心暗示的内容呢？

最后，关于文本内容和科学界公认的物理学知识之间是否吻合的问题，我们可以给出"是"或"否"的答案。这段文本是不准确的，因为在膜的两侧有相同浓度的溶质和不同压强时是不可能平衡的。但也必须承认其中部分有效的说法：该现象的初始原因确实是溶质浓度的差异，而最终状态存在压强差，即渗透压。这些言论强调了分类的价值不是作为一种形式任务。所提出的缺陷类别只是为了激发我们的批判性思考。

一旦对可能的缺陷进行了分类分析，就可以做出总体的判断。在这里，可能只考虑了产生现象的唯一原因，而没有参考效应产生的反馈，这是这篇文本导致错误的主要特征。事实证明，尽管这个主题很复杂，但一旦进行上述思想实验，发现错误是相对容易的。

毛细上升：并不是那么简单

现在让我们思考一段关于毛细上升的材料。它由图 4.4 和一段文字组成。

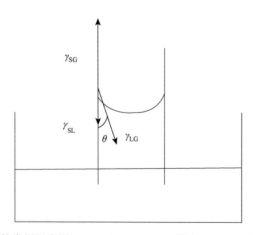

图 4.4　介绍杨氏公式的常用示意图 $\gamma_{LG}\cos\theta = \gamma_{SG} - \gamma_{SL}$，其中 γ_{LG}、γ_{SG} 和 γ_{SL} 分别是液体/气体、固体/气体和固体/液体间的界面张力(单位长度的力)，θ 是接触角

这段文字很简短(Quéré，2001)：“使液体上升的力是 $\gamma_{SG} - \gamma_{SL}$。当提升液体的力与重力平衡时，液体停止上升。”(P. 158)表 4.5 和表 4.6 总结了这段材料中发现的缺陷和风险因素的类型。

表 4.5　与毛细上升材料有关的缺陷类型

缺陷类型	是否存在
内部矛盾	—
与定律的直接矛盾	—
与定律的间接矛盾	是。若将三个箭头理解为受力分析图，图中没有显示水平(方向)的平衡力
逻辑不完备	难以理解是什么力在平衡水柱重力中起到作用
过度概括	—
与思想实验不相容	—

表 4.6　与毛细上升材料有关的风险因素类型

风险因素	是否存在
对目标实体的非标准指定	不明显，但暗示箭头作用于某一根线上的力（每单位界面线长度），即作用于无质量的元素。这使得牛顿力学中涉及质量的计算无法适用
文本结论的精确性	是的，水柱上升到容器自由液面以上，并且接触角通过杨氏关系得到了良好定义
回声解释	是的，特别是在液柱顶部的力的位置方面
全有或全无	—
“小”被等同为“零”	—
只考虑到一个原因	—
只考虑到一个位置	是的，仅在液柱的顶部
显性的故事式解释	—
隐性的故事式解释	—
图像：现实主义和象征主义	无害
图像：符号相似性	无害（尽管表面张力和力以相同方式表示）
图像：过度选择	是的，因为力不仅在液柱顶部起作用，为了理解哪些物体处于受力平衡状态，我们需要明确力的作用对象
图像：结构和尺度	无害
类比或隐喻	是的：使用了“力提升液体”这一描述

在分类方面，这个例子和前一个例子一样具有值得注意的地方：关键变量取决于分析对象、论述内容与目标受众的适切性。但我们所面对的情况并没有那么简单。在这里出现了一个抓人眼球的位置，由于"使液体上升的力"这种表述，伴随而来的就是以所有假设作用在液柱顶部的力作为研究对象。然而，要找出潜在的推理中的缺陷，需要进行复杂的分析(参见附录 G)。故事的结尾似乎是正确的，这使得问题更不明显了：是的，水在管子里上升；是的，杨氏关系给出了接触角。除了水平方向上的力不平衡，以及难以理解是什么力在平衡水柱重力中起到作用，不一致的要素并不明显。没有简单的思想实验来质疑"使液体上升的力"这种表述。这也解释了为什么这种类型的表述是这样的经久不衰。但是一些作者(Berry，1971；Das et al.，2011；Marchand et al.，2011；Planinsic，2016)强调了这种类型的文字的缺陷，特别指出了其中一种缺陷：由于对称性的原因，平面玻璃或圆柱形垂直玻璃墙只能在水平方向吸引液体分子。因此，排除了玻璃通过拉动其上表面而"使液体上升"的这种说法。这些作者对该现象的分析提出了连贯的反建议，详见附录 G。读了他们的建议后，我们似乎可以清楚地看到，进行这种讨论需要以物理学家们的文化作为支持。这样看来，"与定律的间接矛盾"这一类别似乎非常宽泛，以至于难以单独指导批判分析。我们一开始提出的这些类别应该是有用的，但它们仍然没有穷尽所有的缺陷类型。

分类之外

这两个例子提出了第一个值得注意的地方。在对文本进行批判性分析时，提前掌握了拒绝(第 2 章)或质疑(第 3 章)文本的理由类型可能是有用的：这些先验知识可以指导我们寻找可能的反对意见，并提出有用的疑问。但期望找到某种检测缺陷算法可能是不切实际的。第一个例子(渗透作用)表明，无论一个现象有多复杂，相对简单质朴的批判性观察也能发现它的问题。第二个例子(毛细上升)使我们认识到，这种判断是依赖于情境的。一般来说，在激活(自己)或促进(他人)的批判性态度时，应明确考虑到文本所涉及内容的复杂性和受众的概念掌握程度。从这里开始，本书将探讨批判性态度与概念掌握之间复杂的先验关系。

参 考 文 献

Berry，M. V.(1971). The molecular mechanism of surface tension. Physics Education，6，79-84.

Bouissy，A.，Davier，M.，& Gaty，B.(1987). Physique pour les sciences de la vie(tome)(Vol. 2). Paris：Belin.

Das，S.，Marchand，A.，Andreotti，B.，& Snoeijer，J. H.(2011). Elastic deformation due to tangential capillary forces. Physics of Fluids，23，072006.

Diu, B., Roulet, B., Lederer, D., & Guthmann, C. (1989). Mécanique Statistique (pp. 408-410). Paris: Hermann.

Marchand, A., Weijs, J. H., Snoeijer, J. H., & Andreotti, B. (2011). Why is surface tension parallel to the interface. American Journal of Physics, 79, 999-1008.

Planinsic, G. (2016). On the surface of it there is more to it. Physics Education, 51 (2016), 030105.

Quéré, D. (2001). Bulles gouttes et perles liquides. In D. Jasmin, J. M. Bouchard, & P. Léna (Eds.), Graines de science (Vol. 3, pp. 145-165). Paris: Le Pommier.

第5章　概念掌握与批判性态度：复杂的联系

批判性思维本身是否就是一种技能，一种所有人都能应用而不依赖于相关内容的技能？这个问题已经争论了很长时间。而不做进一步说明地提及批判性思维就相当于给出正面的回应。对我们来说，由于缺乏学术共识，我们以开放性的态度接纳之前引用过的 Willingham（2007）的观点：批判性思维不是一套能够在任何时间、任何情境应用的技能（P. 10）。

接下来的思考基于对于物理教学的研究。它们旨在推进我们刚刚提到的争论，无论是个人发展还是培训物理专业的学生或教师，首要是为批判性分析的学习提供素材。需要注意，当谈到物理教学时，批判性分析是有较高风险的。事实上，在培养学生批判性思维的重要性方面，大家的看法是一致的。在如今网络信息泛滥的时代，我们能很清楚地看到对批判性信息筛选的需求。而且，让学生学习那些网上出现的文献似乎很有吸引力，因为一般认为那些文献是很有启发性的。在这种情况下，难以保持概念性知识的作用。关于批判性思维这个想法"本身"的观念之争就被组织成以下语言：一个人能否在没有相关领域最小概念性知识支持的情况下训练批判性思维？

除了对知识的理解，从另一个维度阐明这个问题也是必要的。简而言之，这是一个可能应被归类为心理认知问题的多维度问题。确实，一个人对物理学解释采取批判性态度意味着他对科学学习的某种看法，以及对自身理解水平的清醒认识（如 Vermunt，1996）。隐藏在批判性反应之下的是智力的挫折感，或者更正面地说，是对智力满足的寻求（Viennot，2006；Mathé and Viennot，2009）。它还意味着感到有权利去理解，这种态度与一定的自尊心相伴（Bandura，2001）。

将这些不同的元认知因素和情感因素区分开来并非易事，但至少我们可以论证，一个人在阅读文本材料时，既要努力学习，又要对文本进行批判性评价，这些因素很可能会影响一个人的智力发展过程。

5.1　未来教师对放射性碳测年解释的作答

现对研究结果（Décamp and Viennot，2015）进行简要总结。它们说明了在一次访谈过程中可以观察到的不同类型的智力活动。

5.1.1　主题访谈并不像听起来那么简单

10 名教师在教师教育结束时逐一接受了 70—90 分钟的访谈。访谈的主题是我们在第 2 章中已经提到过的 ^{14}C 测年。这个技术基于放射性衰变律，给出初始时刻 N_0 个放射性碳原子(^{14}C)经过一段时间 t 后剩下的数目 $N(t) = N_0 \exp(-\lambda t)$。常数 λ 的数值简单地与经过多少时间后还剩下一半的原子("半衰期"，此处为 5730 年)相联系(细节参见附录 C)。新手教师被问及是否对各种解释感到满意。他们依次得到了六份文本，每次都附有同样的问题：对这份文本你是否满意？为什么？你是否希望增加或者修改某些内容？为什么？随着访谈的推进，提供的解释越来越完整，或者说，越来越少不完整的解释。第一份文本远不能保证读者理解这个技术。例如，它没有说明如何知道有机体死亡时的 $[^{14}C/^{12}C]$ 比例，而这是在发现时进行测量所必需的。第三份文本没有解释为什么大气中的 $[^{14}C/^{12}C]$ 比例会在有机体/生物体死亡之后保持稳定，而第五份文本没有解释为什么空气中 ^{14}C 的形成和衰变速率是相等的。最后一份文本是由研究报告的作者撰写的，基于附录 C 中提供的模型，能够让读者对于这个现象形成一个简化但自洽的理解。在访谈进行过程中，基于参与者的要求，他们会得到额外的信息(例如，从 ^{14}N 中形成 ^{14}C 的机制，这涉及上层大气中的分子受到宇宙射线撞击时中子从原子中逃逸出来的过程)。

5.1.2　访谈分析：大纲

在访谈记录中，对赞同("是的，我认为这个解释很好")、基本赞同("是的，大致上它总结得不错")的表示做了区分。

对受访的新手教师们提出的问题也做了标记。这些问题的目的与理解现象所必需的概念要素直接相关(本书读者不必理解这些也能继续阅读)，例如：

——需要了解有机体死亡时辐射性碳原子和普通碳原子的(初始)比例 $[^{14}C/^{12}C]$；

——这个比例与当时大气中的比例相同；

——大气中的 $[^{14}C/^{12}C]$ 比例从有机体死亡后保持不变的假设；

——放射性碳原子的形成过程；

——放射性碳原子的衰变过程；

——每秒涉及以上两个过程的碳原子数的平衡如何导致大气中 $[^{14}C/^{12}C]$ 值的稳定；

——大气中总原子核数(放射性碳 + 氮)的恒定性；

——现有的放射性碳和氮原子核数目各自对于 ^{14}C 的消灭和形成速度的乘法效应；

——这种乘积结构如何解释大气中的放射性碳原子和普通碳原子的比例保持不变。

这些交流被标记为"关键问题"（cq）。在相反的情况下，参与者的问题被标记为"细节问题"（dl）。例如："为什么这两个速率相等？是巧合吗？"被标记为"关键问题"；"探测器是如何工作的？"被标记为"细节问题"。至于心理认知方面，访谈过程中也识别出了参与者满意或沮丧的表情。访谈结束时，参与者对他们最终的满意程度给出了整体评价，数字从 1（表示低满意度）到 4（表示高满意度）。表 5.1 按文本逐条列出了关于问题分类和满意程度的标记，而表 5.2 总结了参与者在每一阶段，也就是在对于每段文本的讨论结束时表达的满意或不满意度。在两张表中，参与者都按照他们的首个关键问题排序。

表 5.1　在每个阶段（S）结束时的满意程度和提出的问题的类型

参与者	S_1	S_2	S_3	S_4	S_5	S_6	整体满意度
G	≈dl	cq	cq	cq	cq	⊖	3
B	⊖	⊖cq	cq	cq	cq	⊖	4
S	≈dl	≈dl	≈	cq		⊖	3
J	⊖	⊖	⊖dl	cq	cq	⊖	3
M				dl cq	cq	⊖	3
T	≈dl	≈dl	⊖	cq	≈	⊖	2
A	≈	⊖	⊖		cq	⊖	2.5
V	⊖	⊖	⊖dl	≈	cq	⊖	3
Y	≈dl	⊖dl	⊖	⊖	⊖	⊖	4
H	⊖	⊖dl	⊖dl²	⊖	⊖	⊖	4

⊖：同意；　≈：部分同意；dl：细节问题；cq 和阴影格子：关键问题

表 5.2　每个阶段（S）结束时的同意程度和对满意或不满意的陈述

参与者	S_1	S_2	S_3	S_4	S_5	S_6	整体满意度
G	≈	≈m-	m-	m-	m-	⊖m+	3
B	⊖	⊖m+	m+m-	m-	m-	⊖m+	4
S	≈	≈	≈	m-	m-	⊖m+	3
J	⊖	⊖m+	⊖	m-	m-	⊖m+	3
M	⊖	⊖m+	⊖	m-	m-	⊖m+	3
T	≈m-	≈m-			≈m-	⊖m+	2
A	≈	⊖m+	⊖m+	m-	m-	⊖m+	2.5
V	⊖	⊖	⊖	≈	m-	⊖	3
Y	≈	⊖m+	⊖m+	⊖	⊖m+	⊖m+	4
H	⊖	⊖	⊖	⊖			4

⊖：同意；　≈：部分同意；m+：提供信息之后满意；m-和阴影格子：不满意

5.1.3　一些惊人的事实

除了最后两名参与者(Y 和 H)，同一条对角线(注意阴影区域)将表 5.1 和表 5.2 分为两个部分。不出所料，我们在对角线左边只发现细节问题，因为表 5.1 就是按照这个规则排列的。更重要的是，在同一条对角线的左边，参与者对于展示给他们的文本——无论多不完整——也基本是满意的。

(阶段 1)参与者 H：好的，这对我就足够了，不过，如果你问我更具体的问题，我可能会想起一些别的……

(阶段 1)参与者 J：不，这就够了，嗯，这也是足够清楚的。反正我们理解这些原理。

(阶段 1)参与者 V：呃，他表达出了主要的点，所以也许，也许之后，我不清楚，等我再重新读一下一些部分，也许有些地方需要更多的细节。(阅读文本)唔，不，对我来说，他已经给出了要旨……

(阶段 1)参与者 M：是的，不，不，这是一个好的起点。所以它确实是很简洁的，但我们也不能给一个完整的课程……嗯，不，不，它是清楚的！清楚，简洁……

(阶段 3)访谈者：它全部都是清晰的吗？它是不是全部都很充分，你还需要任何信息吗？

参与者 T：嗯，不，我不需要。这对我就足够了。

关于他们表达满意或者不满意的评论(表 5.2)，阴影区域左边的评论表示新的文本提供了更多细节，但是并没有对之前的文本的真正批判：

(阶段 2)参与者 A：我觉得我之前就是缺了这个部分所以不能真正理解它是怎么回事，我想我忘记了。

(阶段 2)参与者 B：是的，好吧，这一份在我看来更准确。最后……

(阶段 3)参与者 A：这一份详细和具体得多，我不确定，好吧，并不一定需要这么多细节来理解这个原理。这取决于你的要求有多高了。

(阶段 2)参与者 M：最后，我认为这两份文本相得益彰。确实像第一个文本那样，简要说明 ^{14}C 的来源是很迅速的，这是可以赞同的，我觉得之后第二个文本中的关于我们如何在测年中利用它的内容是一个很好的补充。

与之相反，在对角线右边，即表 5.2 的灰色区域，这里不再有一致意见，同时不满意也占主导，伴随着关键问题：

(阶段 4)参与者 B：相对于它所解释的，我有了更多问题。

(阶段 5)访谈者：事实上，这不是巧合。这份文本说的是这不是一个巧合，而是因为达到了一个稳态。

　　参与者 A：好吧，这并没有真正解释……

　　访谈者：没有真正解释。

　　参与者 A：这不是一个解释！(……)不，不，没错，我比开始时有了更多的疑问。

(阶段 4)访谈者：嗯哼。所以，它是不是清晰？它是不是充分？还有什么缺少的部分吗？

　　参与者 J：并没有向我解释为什么……(……)(放射性碳的形成和衰变的时间速率)为什么是相等的？

这个从被动地同意到明确表达不满的过程有时伴随着他们对之前态度的认识，例如以下某个参与者对她之前的回答的自嘲：

(阶段 4)访谈者：你觉得这个也是清晰的吗？你还需要什么信息吗？

　　参与者 A：好吧，听起来应该是"是的"(大笑)，因为我什么也没理解！

5.1.4　延迟批判：激活阈值

总之，大多数参与者都表现出了临界行为。在讨论的某个时刻，他们掌控了问题，将他们自己从讨论的文本中抽离出来，意识到他们需要更完整的解释，提出了关键问题并进行更强烈的争论。我们也许可以认为这个触发产生在他们的概念性理解的某个阶段。他们可能仍然对这个主题远没有一个完整的理解，但他们开始意识到它的复杂性和其中的关键概念。这种理解的阈值因参与者而异，决定了他们何时需要并敢于表达他们的不满。图 5.1 用图像展示了这个假设的延迟批判模型。

这项研究最卓越的方面在于延长的临界相，标记了一个人首次遇到一个他有办法去挑战的解释的过程。

5.1.5　专业麻木

研究样本中有两个人与上面的描述显著不同。在访谈的全程，他们没有对所提供的文本提出任何批评。这些新教师对这个主题非常熟悉，因此没有问任何关键问题。在访谈的最后，他们说他们非常满意，但这最主要是因为他们给出了正确的回答("我对我的回答很满意")。值得注意的是，他们对放射性碳测年方面了解得有多好，他们对阅读的文档的批判性分析就有多差。

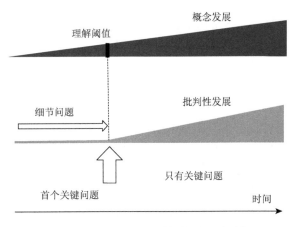

图 5.1　一个智力活动模型：延迟批判

5.2　延迟批判或者专业麻木：不可避免？

这项放射性碳研究的主要发现是：为了激活他们的批判潜力，大部分的参与者都需要达到一定的理解阈值。当这个阈值依个体差异或快或慢地达到之后，赞同、含蓄的同意和关注细节问题的态度转而表现出不满、关键性问题、批评和自我批评。对学校回忆录的搜寻让位于对理解的迫切追求。批判性态度的触发引起了如物理学家所说的相变，从对非常不完整的文本的宽容态度转变为一种"批判性危机"，即排斥任何一致意见和推迟任何智力满足的表达。这种智力活动，即延迟批判，发生在此次研究的大部分参与者身上。

至于理解阈值，可以说，需要对谈论的话题有一定理解才能对文本做出批判性的判断，这点并不令人意外。但一个并不明显的事实是，逻辑上来说其实并不需要对讨论的现象有完整的了解。如果大气中的放射性碳成分随着时间的推移保持不变，那么应该被提出的问题是：难道（这些物质）在大气中不发生放射性衰变吗？有些人可能认为这个问题很"幼稚"。这种幼稚其实是一种非常有价值的训练目标：不惧怕自己的无知，并要求自己得到的解释具有起码的一致性。在这方面，我们必须考虑到概念理解能力的发展与批判性态度的激活之间的联系，但这种联系（目前）尚不明确。

当在已经熟练掌握了这方面知识的教师中没有观察到对哪怕是最不完整的解释进行批判的时候，这种联系甚至就变得矛盾了（当观察到已经精通该学科的新手教师持续缺乏批判时，这些联系甚至呈现出一种自相矛盾的形式。在已经精通该学科的新手教师中，无论分析的解释多么不完整，都可以观察到持续缺乏批判的现象）。这些（这个主题的）专家，由于对他们自己的回答感到满意，因此可能会忽略文本的本质。他们可能潜意识中补全了他们阅读的内容。这种专业麻木症状在这个研究中只占少数，但这是由于涉及的主题(放射性碳测年)很难，大部分的参与者都没有掌握，因此我们的样本无法包含很多这种现象。

在这个探索性的实验之后，产生了多个问题。一方面，这些结果在其他物理学领域是否也会相似？另一方面，是否能够避免这两种智力活动，即由于不充分的概念掌握导致的延迟批判和由于掌握了充分知识而导致的专业麻木？早前对14名新闻学和科学传播学本科学生的研究探索了第一个问题(Viennot，2009)。呈现给他们的文本据称是一篇很流行的关于等压气球(第 3 章)的科普文章。除了一人例外，被分别面试的见习记者们都在意识到等压过程假设的不一致后很久才对文章提出了批判。因此，后人很容易将这种态度解释为延迟批判。除此之外，放射性碳研究还启发了另外三项类似的研究，分别是关于救生毯的使用、渗透作用和毛细上升(综述见 Viennot and Décamp，2018)。在这些研究中，延迟批判的情况最为常见。涉及的人员(在热气球的案例中)和主题的复杂度(在救生毯、渗透作用和毛细上升案例中)或许可以解释为什么在这些主题中我们没有观察到专业麻木。另外，罕见的"早期批判"案例证实了，即使在对讨论的领域没有预先掌握的情况下，也可以对文本表达相关的批判(表 5.3)。

表 5.3　讨论物理学中可疑解释时的三种批判性反应(Viennot and Décamp，2018)

批判性反应的种类	描述	在新教师中观察到的频率
专业麻木	一个在某一领域拥有全部必要知识的人，在发现与该领域有关的解释不一致或严重不足时，缺乏批判	频率根据物理领域的不同而变化
延迟批判	当一个人在对一个领域的解释做出任何批判之前希望对该领域了解更多，即使并不需要任何专业知识	占多数
早期批判	一个人即使对相关领域知之甚少，也会发表相关的批判	罕见

对我们来说，培养这种态度似乎是一个优先目标，这给了我们一个很好的理由来进一步记录它。

参 考 文 献

Bandura，A.(2001). Social cognitive theory：An Agentic perspective. Annual Review of Psychology，52(1)，1-26. https://doi.org/10.1146/annurev.psych.52.1.1.

Décamp，N.，& Viennot，L.(2015). Co-development of conceptual understanding and critical attitude，Analysing texts on radio-carbon dating. International Journal of Science Education，37(12)，2038-2063.

Mathé，S.，& Viennot.(2009). Stressing the coherence of physics: Students journalists'and science mediators'reactions. Problems of education in the 21st century. 11，104-128. Retrieved from http://journals.indexcopernicus.com/abstract. php?icid = 886218.

Vermunt，J. D.(1996). Metacognitive，cognitive and affective aspects of learning styles and strategies：A phenomenographic analysis. Higher Education，31，25-50. https://doi.org/10.1007/BF00129106.

Viennot，L.(2006). Teaching rituals and students'intellectual satisfaction. Physics Education，41，400-408.

Viennot，L., & Décamp，N.(2018). Activation of a critical attitude in prospective teachers：From research investigations to guidelines for teacher education. Physical Review Physics Education Research，14，010133. https://doi.org/10.1103/PhysRevPhysEducRes.14.010133.

Willingham，D. T.(2007). Critical thinking，Why is it so hard to teach? American Educator，31，8-19.

第 6 章　及时激活批判

6.1　批判的潜力

从一开始，我们就避免把批判性思维视为一种决定性的个人品质。我们更倾向于认为这是一种批判的潜力，每个人面对一份文本时都可以或多或少、或早或晚地自发激活它。但是，对即将结束培训的职前教师进行的有针对性的研究表明，即使在没有任何逻辑必然性的情况下，批判也经常缺席。换句话说，存在的批判潜能往往很晚才被激活(因为它最终会表现出来)，但这看上去是因为潜力似乎受到了抑制。通过学会克服这种抑制，批判性分析才成为可能。我们期待看到一些未来的教师是如何实现这一点的。

6.2　早期批判的例子

6.2.1　救生毯

附录 H 讨论了在寒冷中如何最恰当地使用救生毯来保护你自己(Viennot and Décamp，2016a)。一条普通的救生毯有一面是银的(反射率更高，辐射率更低)，另一面是金的(辐射率更高，反射率更低)。这个主题的有趣之处在于它引发了关于如何平衡两个迫切需求的讨论(图 6.1)：将一个人的热辐射尽可能地反射回自

图 6.1　救生毯的哪一面应该向内来抵御寒冷？一个矛盾！

身(因此想要将银的一面朝内),以及尽量少地向外辐射热量(对于向外的一面,在其他情况都相同时,也是银的一面辐射更少)。

一个非常普遍的观点是,你需要把银的一面朝内来将"热量"(也就是能量)反射回自己。救生毯的使用建议也毫无保留地反映了这种先入为主的观点。但是反射更多的能量回内部也意味着将金的一面朝外,导致辐射更多能量到周围的空气中。除非两面都是银的,否则就会陷入上述的两难困境。要质疑这一点就必须挑战一个普遍存在的误解。正如预期的那样,研究的参与者(即将结束培训的职前教师)很迟才开始质疑反映了先入为主观点的使用指南,特别是这个观点与他们的直觉也是一致的。在访谈开始时,他们脑中关于毯子的两面的辐射性质的记忆被刷新了。为此,进行了一个简单的实验。使用一个市面上可以买到的红外辐射计,将救生毯的两面朝外裹住一个装着开水的金属水壶,然后分别测量两种情况下水壶的热辐射(参见附录 H)。需要注意的是,解决这个难题远非一蹴而就。结果毫不奇怪,没有一个参与者感到很轻松:此处没有专业麻木!

此处我们强调的发现是,一个参与者很快就对她初始的想法"'热量'反射回自身"提出了疑问。她刚刚注意到,当救生毯金色一面朝向水壶的外面时,辐射计显示较大的辐射。"我有个问题",她清醒地说。她对涉及系统的各个部分(要保护的身体、救生毯、周围空气)的辐射性质一无所知或几乎一无所知,对涉及的能量传递(传导、对流、辐射)也知之甚少,她通过综合她所知道的一点点知识萌生了这个疑问:在我和毯子之间保存能量是好的,但不能把它散发出去。这个早期批判的例子很能代表我们希望在物理学教育中发展的品质。

6.2.2　渗透作用

另两个早期批判的例子涉及渗透作用。我们有意选择了一个不明显的主题:渗透作用不是一个简单的主题。附录 I 中总结的研究(Viennot and Décamp, 2016b)清晰显示了这一点:和预期一样,在未来的教师中没有观察到专业麻木的现象。

根据前文讨论过的文档(图 4.1)提出的观点,即当半透膜的两侧液体达到平衡,液体溶质浓度相同而高度不同时,一名新手教师能够毫不含糊地提出这样的评论:

> 参与者:因此,为了让别人相信这是不可能的,这幅图,这里,从这种情况出发(做手势表示相同液面高度),我会在其中某个管中增加液体高度。
>
> 访谈者:是的。
>
> 参与者:我会说我刚打破了平衡。

这名参与者提出的思想实验是明智的：两侧的液体有相同浓度和相同高度的情形是平衡态(图 4.3)。因此，另一个浓度相同而高度不同的情形就不太可能也是平衡态(图 6.2)。

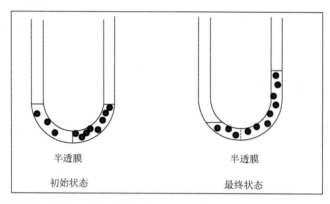

半透膜　　　　　　　　　　　半透膜

初始状态　　　　　　　　　　最终状态

图 6.2　图 4.1 的重复，这是一种经常被观察到的(尤其是在维基百科上)介绍渗透现象的绘图

另一个参与者提到一种情况，膜的一侧是纯水，而另一侧不是：

　　我觉得这是不可能的，它不可能无限上升，液面(⋯⋯)我们要考虑浓度的平衡，但肯定也有一个不能超过的压强差。

这次使用的思想实验包含从字面上理解文本并检查一个极端情况：从一侧是纯水开始。水分子将持续穿越到浓度更高的那一侧(如本书第 52 页所述)。

6.2.3　毛细上升

最后一个早期批判的例子涉及相关概念的本质。这是对一位职业生涯刚起步的教师的访谈。讨论涉及图 6.3，该图已在第 4 章中讨论过。

这张图使用了三个表面张力系数来代表在三种介质：水、空气和玻璃之间接触线上作用的三种力的平衡，只不过这里的力指的是单位长度的力。如附录 G 所示，从其解释性价值的角度来看，该图可能会受到数个方面的批评。除了在水平方向上不平衡之外，它还导致了对于它的含义的质疑，因为问题中的力似乎是作用在一条非物质的线上。此次研究中的一个参与者在开始时和之后多次表示，她不理解这些力代表什么，因为不清楚这些力作用在什么物理客体上。

　　对不起？什么？作用在界面上的力？好吧，不！因为所有的分子⋯⋯事实上一个界面，它是那些分子，最终，⋯⋯对于一个相和另一个相，它们不会受到相同的力。

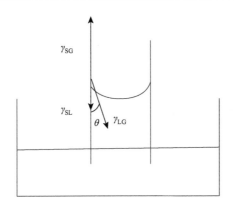

图 6.3　一个常用来介绍杨氏公式 $(\gamma_{LG}\cos\theta = \gamma_{SG} - \gamma_{SL})$ 的图,其中 γ_{LG}、γ_{SG} 和 γ_{SL} 分别是液体/气体、固体/气体和固体/液体间的界面张力(单位长度的力),θ 是接触角

　　这名参与者是在这项研究的 11 名参与者中仅有的 2 名新手教师之一,她在这一点上说得又快又清楚,也就是说,她是表现出早期批判的人之一。然而,她对毛细上升的知识几乎一无所知(Viennot and Décamp,2018)。

6.3　早期激活批判的条件

6.3.1　"拼凑"可用的信息片段

　　这些早期批判的秘诀在于努力汇集信息片段而不是等着获得完整信息。

　　在救生毯的例子中,在访谈前言中就提到的金面的辐射系数,导致了对于先入为主的观念的质疑,这发生在一个对热转移过程并不熟悉的人身上。

　　对于渗透过程,我们的样本中,思想实验在两名新教师身上触发了早期批判。他们同样对这个主题所知甚少,但通过理解文本并指出它得出的令人难以置信的结论,他们能够提出非常中肯的批判。这与其说是对文本内容相关知识的了解,不如说是对文本内容的认真思考。

　　我们观察到的新手教师对弯月面表面张力示意图(图 6.3)的批判也表明,新手教师们在努力协调基础知识——一个给定的力必须作用到一个具体的物体上——与不清晰的示意图之间的矛盾。

　　这几个例子说明,有关人员并不是依赖高深的知识来进行批判性分析,而是优先要求协调一致:努力调和已知事物并及时提出问题。当然,这一解释的表述有待讨论:什么是"已知事物"?从对一个词——例如浓度,或者力——的熟悉到对一个概念的深刻理解,这里有一系列的可能性。因此,在这种情况下,如果对批判的延迟感到惊讶，是因为大家认为有关人员(这里指的是教师教育刚结束的新手教师)已经充分理解了文本中用到的术语。有时，其实是所用词语的含义本身是有问题的。

6.3.2 文本中提到的实体的含义

人们可能会认为，一篇涉及读者不了解的术语的文章是不会轻易被读者批判的，读者首先要做的是找出自己对所用术语的误解，但这并不容易。

在这方面，隐喻可能是有误导性的：读者认为他们理解了。事实上，这正是使用隐喻的目的(第3章)。有的时候，物理专家的常用词，特别是他们的简称会模糊所用术语的含义。例如，学生们可能会认为"拉普拉斯压强"——常常在毛细问题中提到的词——是和"静水压"或者"渗透压"不同的物理量，仅仅是因为一个形容词(静水、渗透)和一个人名(拉普拉斯)让我们联想到两点之间的压强的差异具体是由什么现象引起的。因此在上文提到的研究(Viennot and Décamp，2016b)中——未来的教师被邀请来讨论渗透现象——观察到了一些关于词语"水压"的含义或者符号 p_{water} 的意义的症候性问题。

> 访谈者：请你定义一下渗透压？
> 参与者：我没法定义，我觉得我有一个解释，但事实上(……)我没法完成(……)
> 访谈者：什么东西阻止你形成一个结论？
> 参与者：呃，水中的压力的定义。

事实证明，当接受访谈的教师对这一概念有更好的理解时，他们更有可能激活自己的潜能，对向他们提供的渗透现象的解释中可疑的方面进行批判。

因此，如果我们希望一次阅读能够是批判性的，那么开始时就应该确保对作为解释基础的实体有尽可能好的理解。这一点看似显而易见，但在教师教育中，我们不能低估某些公认的术语可能造成的困难，也不应低估读者在意识到自己的误解并要求澄清之前可能花费的时间。我们的研究结果表明，在被要求对文章发表意见时，读者提出的说明性的问题往往意味着一种明确的批判性态度的激活，但它可能仍需要一些时间来显现。

6.3.3 心理认知因素

无论是对某些术语的含义还是对文章的其他方面提出问题，都涉及心理认知因素。做出这个决定涉及分析个人自身的理解。它反映出对理解的需求，在这个方面可能的不满，以及对一致解释的期望，也许是对科学知识的理解支持了这一点。它也意味着读者不要被自己的无能感所麻痹。

几个心理认知因素可以起到阻碍作用，不仅在阐明问题方面，而且更普遍在任何形式的批判性表达方面。当接触到一份文本时，不了解的感觉和依赖学校中的记忆的欲望似乎常常占主导，正如一位新手教师在关于毛细上升的访谈结束时所表达的那样（Viennot and Décamp，2018）：

> 好吧，自从我们谈话以来，我确实不觉得我理解了我们正在谈论的话题。我知道我在这个问题上的知识比我所能解释的要多，这让我处于一种更加防御性的状态（……）。因此要明确说一个句子是错的，我觉得我没有足够的证据……能让我这么说："不，我知道这在科学上是错误的。"

学校的习惯无疑也是阻碍质疑文本的重要因素，正如同一研究中的另一个参与者所说的那样：

> 好吧，事实上，这有点像更早时的情况。我接受它因为我一直是这么干的，但我从来没有质疑过，呃，力作用在非物质线上是否是合适的。

意识到这些障碍可能是迈向更自由的物理学批判性分析和推理实践的第一步。

6.3.4 教师与教育者：去中心化和批判明确性的需求

刚刚总结得出的使一个人面对文本时不至于过久地处于批判被动状态的条件在不同的程度上也适用于有经验的教师和教育者。

他们深受学校习惯的影响。他们有时几十年如一日墨守成规，这些仪式有时会阻止他们的判断力激活，正如我们在"等压热气球"练习中看到的那样。

当遇到有争议的文本时，某些专家并不认为需要说明，他们早就知道原则上是怎么回事。他们能够在阅读文本的时候就补完甚至矫正它。但当他们需要判断这样的文本对于其他人的影响时，这通常是（或应该是）一名教师的典型职责，他们需要激活他们的批判潜力。他们需要从他们自身的安全感中走出来，观察和理解文本本身并避免专业麻木，将自己置于新手的位置。这是很困难的。

接下来的章节正是从这一教师培养视角出发撰写的。

参 考 文 献

Viennot, L., & Décamp, N. (2016a). Co-development of conceptual understanding and critical attitude: Toward a systemic analysis of the survival blanket. European Journal of Physics, 37(1). 015702. https://doi.org/10.1088/0143-0807/37/1/015702.

Viennot，L.，& Décamp，N.(2016b). Conceptual and critical development in student teachers：First steps towards an integrated comprehension of osmosis. International Journal of Science Education，38(14)，2197-2219. https://doi.org/10.1080/09500693.2016.1230793.

Viennot，L.，& Décamp，N.(2018). The transition towards critique：Discussing capillary Ascension with beginning teachers. European Journal of Physics，39，045704.

第 7 章　批判性分析的教育

这毫无疑问是本书中最雄心勃勃的章节标题。尽管现实主义要求我们谦虚，但是，我们并非不能有一个有挑战性的目标。至于教育，重要的是大大拓展范围。到目前为止，需要进行批判性分析的文本实例都是聚焦于物理学专家的视角，呈现或暗含瑕疵的表述和/或图像。有必要特别关注这些文本对于新手的可能影响。但我们不应该因此忘记对于没有这些瑕疵的文本进行批判性分析的潜在益处。如果我们想从中学到东西，任何以提供信息和解释为目的的文本都值得质疑。因此，对自身或者他人的批判性分析的教育中，很重要的就是能够充分利用任何文本。这种通常被提倡为负责任的公民教育的能力，在科学指导的领域也是必不可少的。那种孤军奋战的研究者只通过推理、实验和结论来进行研究的观点是一秒钟也站不住脚的。了解别人在做什么，或者更具体地说，以批判的眼光了解别人在做什么，是绝对必要的。

7.1　最大限度地发挥文本的作用

我们在上文详述的拒绝(第 2 章)或质疑(第 3 章)文本理由的类别很有用，因为它们可以帮助我们评估论证。它们的目的是帮助想要学习的人避免被误导，同时引导想要教学的人进行教学选择。但即使对于一份没有明显错误的文本，要想最大限度地发挥其作用，也必须进行彻底的批判性分析。本着这种精神，我们回顾之前已经指出的一些方面，这些方面都可以用同样的方法来处理。

7.1.1　解释中涉及的术语的含义

在学习或教学中，注意文本中使用的术语和表述的含义是很有必要的，即使它们并不是特别模棱两可或具有隐喻。例如，我们的学生很有兴趣了解，当我们说一个均匀场的时候，我们的意思是在给定的时间内，它在任何地方都是相同的；而我们说一个恒矢量场的时候，我们指在一个给定的点，它不随时间变化。他们也有兴趣了解电动势并不是一个力，并且是以伏为单位；以及质点这个表述需要仔细解读。尽管这个词组如此经典，已成为法国初中教育最后一年的标准(Bulletin

Officiel de l'Education Nationale，2011，PP. 83-97)，但还是会产生误解，正如我们在联系到表面张力时看到的(第 4 章；附录 G)。我们可以找到很多例子表明，物理学中非常常见的名称实际上都需要一个非常精确的解释。

7.1.2　隐含信息导致的不完备

挖掘隐含的信息是很重要的。确实，澄清一个过于隐含的术语或者表达的含义往往会减少文本的逻辑不完备性。例如，以下文本(Jacquier and Vannimenus，2005)没有任何错误：

> 1997 年的诺贝尔奖颁给 Claude Cohen Tanoudji、朱棣文和 Bill Phillips 以表彰他们展示了使用激光将原子冷却到极低温度：绝对零度以上千分之一度量级的原理。(……)冷原子现在被使用在原子钟中，以超乎寻常的精度测量时间(……)。(P. 136)

对于物理学家来说，冷意味着原子在参考系中有较低的速度，这个道理是不言而喻的。但是对外行人来说，如果他们了解了此处隐含的联系，他们会更容易理解：冷原子的有趣之处在于它们运动缓慢，从而阻止了多普勒效应对其辐射频率的分散。对于理解吃力的读者来说，询问原子的冷度与原子钟的精度之间的逻辑联系是有益的。因此，理解透彻的批判性分析有助于加深理解。

当文本提到一个常数或系数时，情况尤其如此。研究表明(Viennot，1982)"真空中的光速是一个常数"这一说法并不被普遍理解，因为它没有说明光速不依赖于哪些东西。补充上光速不依赖于测量它的伽利略参照系使得这个表述变得更加有趣，因为一个令人惊讶的事实被明确指出来了。

另一个例子是关于摩擦力的。一个练习题的文本使用 μ_d 表示物体与接触的表面之间的滑动摩擦系数，这样我们就会把摩擦力写成 $F = \mu_d N$，其中 N 是接触力中的法向分量。

当 N 等于重力中的法向分量，同时其他所有相关的力都正比于质量(m)时，通过化简，质量从动力学基本方程 $\vec{F} = m\vec{a}$ 中约去了。结果就是，加速度($\vec{a}$)及由此导致的物体的运动并不依赖它的质量。但是对于文本的批判性观察会让我们疑惑：那 μ_d 呢？这个系数是否依赖于质量？或者速度？或者接触面积？有趣的是，常用的模型事实上可以正面回答所有这些问题，但却并没有明确表达出来。这种讨论丰富了初始的信息，它有助于评估简化模型的优势，同时指出可能存在的局限性。我们能够理解速降滑雪冠军体重都比较重，是因为有另一个不正比于质量的力作用在他们身上，也就是空气导致的黏滞摩擦力(Viennot，2014，P. 28)。

7.1.3　泛化：不一定错

正如我们刚才所观察到的，对于文本的深度分析能导致一个有趣的泛化：当作用在质量为 m 的物体上的所有的力都正比于质量（m）时，关注的物体的运动并不依赖 m。因此，当我们检查一个结论可以泛化到什么程度时，我们有时会得到一个有趣的惊喜。我们是否还记得所有那些在被认为磁通密度 B 均匀的区域中循环运动的带电粒子（q），它们在一个又一个练习中反复出现。它们让我们习惯了粒子的速度（v）是一个不随时间变化的常数。其中的原因是施加在它们上面的力，当没有电场存在时，由关系 $F = qv \times B$ 给出。叉乘保证了力是垂直于运动轨迹的。由此，令人惊讶的是，在这个模型里任意磁场，无论多么不均匀，都可以导致一个不变的速度。我们通过质疑练习的初始假设，即磁场的均匀性，才意识到这个有趣的结果：如果我们改变了假设会有什么变化？这是一种批判性分析，但是它并没有质疑原始文本的有效性。它关系到你能在多大程度上利用文本，如何最大限度地发挥文本的作用。

7.1.4　从数值到函数关系：朝向更好理解的一大步

事实上，要想更好地理解物理，往往需要改变对物理公式和表达式的解读。将常数视为数字，或者将关系式视为数字之间的等式，这样就可以根据一些数值计算出另一些数值。但将这些元素视为表示依赖关系或非依赖关系，则会更进一步。就像我们刚刚看到的关于固体摩擦的例子，我们可能意识到，有些系数会在广泛的现象中保持一致。也有可能指定极限情况，例如，该情况下某个变量取极限值而其他情况依旧是固定值，并检查合理性。甚至可以说，如果没有这种基于函数化理解的方法，就有可能对科学文本知之甚少或一无所知。

7.2　批判性分析：一种富有成效的活动

如果我们想把批判性分析的"病毒"灌输给那些受众，最好不要对错误、伪造或疏忽采取纯粹的防御姿态。严谨而富有想象力的批判性分析——就如创造性的思想实验——的力量在于控制，但同样在于扩展相关文本的信息贡献，以便更好地理解文本。

7.2.1　学校或者大学环境与经典文本

从这个意义上说，在学校或者大学的环境中，分析课程文本或解决问题的活动本身就是一种值得大力推荐的活动。例如，你可以把一道练习题和对应的预期答案给学生们，然后问他们一系列关于这些文本的问题（表 7.1 中的例子）（Viennot，2014，第 5 章）。这样，学生们就可以摆脱计算的束缚，专注于文本的意义和范围。

表 7.1　关于一道已解决的问题或物理学教科书中的一段主题或对问题的建议

符号的意思或者被分析的文本中的口头表达。
文本中指定符号或者写下代数关系时"代码"的影响：本段涉及常说的"符号约定"。人们可能会想如果我们改变轴的朝向（例如，z 轴），计算的过程会发生什么变化。
文本中做出的假设：此处论证的根本基础被检查。这一段常常要处理困难的问题，例如： 这个假设是从哪里来的？ 这样和那样的断言基于什么假设？ 如果这个假设改变了，哪里必须随之改变？ 进行量纲分析来验证这个假设。
计算： 这个和那个等式是在文本中被证明的还是仅仅"给出的"，例如"……众所周知……"？ 计算中的简单中间步骤是什么？
结果。这里涉及的是结论的显著性： 用句子来表述结果。 检查结果：一致性和极限情况。 当一个变量增大，其他保持不变时，这个或那个变量如何变化？ 在特定情况下估算某个变量的量级。
延伸：略微拓展文本中的计算来获得额外的信息。

这种批判性阅读工作在一种流行的学习形式"翻转课堂"（Bergman and Sams，2014）中是特别必要的。在这里，学生们需要在与教师或培训师见面之前查阅某些文献（包括在线课程）。这就要求目标受众在第一次接触这些资源时就表现出自主积极的态度：这是一个如何适当使用它们的问题。因此，如果有人想要学习，他必须问自己上文提到的问题：语句中出现的实体的含义，文本所表达的模糊之处，图像或类比，内部或外部连贯性测试，发现的缺失（或明显缺失）的逻辑联系，对函数性依赖的分析，以及建议的或潜在的概括。

当然，我们必须同样接受不知道如何立即做出反应的挫败感：这就是教师的角色，他们要通过让学生真正参与其中的活动来促进他们对知识的理解。可以说，这是一种一厢情愿的想法。然而，据观察，适当的教育和长期促进批判性态度可以增加成功的机会（Bergman and Sams，2014）。

在学校或大学环境中有效的方法，在个人学习或查阅流行文本、寻求理解的过程中也同样有效。

7.2.2　学校环境和中等程度的文本

在学校环境中，批判性分析也可以应用在不那么正式的文本中，如具有激励性语境的文本。第 3 章中讨论过的文档"ETs"(图 3.16)就是如此。Feller 等(2009)的调查提供了在课堂上讨论该文档的效果，并辅以如下文本：

> 这一场景发生在 2000 年。人们可能会怀疑外星人是否能回答这个问题。事实上，如果外星人知道人类何时驯化了火焰，他就能推断出地球距离他的星球有 30 万光年的距离，也就是 $3×10^{18}$ 千米。这显示出光的传播不是瞬时的。

表 7.2 展示了一个特别重要的时刻。

表 7.2　对于文档"ETs"的课堂讨论的节选(Feller et al., 2009, P. 80; Viennot, 2014, P. 153)

记录	我们的评论
教师：**ET 的星球上只有两个居民**[1]。你们怎么看这个意见？ 学生 A：没错，但这是一幅画，我们不用展示出火星上的所有人。 教师：好的，这个问题是想了解这一点是否影响了对主要信息的理解。 所有人：不，这不重要！ (……)	教师指出一个不可信的因素。 学生们认为它不是真实的。 教师提出问题，这是否是理解的障碍？ 学生们不认为对理解有影响。 (两段同样类型的关于学生的意见的对话，教师让学生们自由发言。) 教师提出一个更值得质疑的问题供讨论。
教师：是，好的。等一下，我会读一下(之前收集的一名学生的句子)：不可能用一个望远镜看到这些细节(地球人有**毛发和他们在试图生火**)，特别是如果我们在 **30 万光年之外**。所以你们怎么想？这能够模糊主要信息吗？ 学生 B：不！比例不是作者想表达的点。望远镜大小没有任何影响。 教师：好的。 学生 C：嗯，看第 6 点意见。他说比例不正确。但作者的目的并不是合适的比例。 学生 D：是，我们不会画一个星球然后另一个在几千光年以外，没有足够的空间。 学生 B：事实上，这种给我们展示的方式有助于我们理解。 教师：好的，那么我问你们，你们怎么看有学生说：我们获得了 ET 眼里地球并不远的印象？ 学生 D：是的，这是我们用裸眼看到的唯一星球。 教师：那么，如果我们离地球那么近的话，光是否需要 30 万年才能到达我们？ 学生 B：不，它会需要少得多的时间。 教师：那么让我们用另一种方式提问题：如果我们把地球	学生们自发地转向比例的问题。 学生 B 和 C 似乎认为比例的问题不重要。 学生 D 考虑展示者的观点。但与不合适的比例相关的潜在阻碍没有被发现。 教师尝试将讨论导向地球的表现。 逐渐地，教师强调与地球的大小相关的不一致。

---

① 表中加粗表示之前收集的一些学生的句子。

记录	我们的评论
表现为 30 万光年远，我们能看到什么？ 所有人：什么也没有！ 学生 E：一个点。 教师：那么为什么作者要像现在这样表现地球呢？ 学生 F：为了让我们知道这是地球。 教师：好的，那么如果我们把地球画成一个点的话，我们能够同样理解所有这些信息吗？ 学生 G：我们当然可以，是他们说的话让我们能理解："我看到地球人……" 教师：好的，所以有必要把地球表现为这样吗？ 所有人：没有！ 教师：你们一开始告诉我：比例不是个严重问题。你们现在怎么想？ 所有人：是的，它有影响。	学生 F 提出画成这样的理由：为了表示画中的是地球。 这个理由很快就受到了挑战。

这次讨论见证了学生们的几次觉悟，包括关于图形艺术家受到的约束："地球必须能被辨认出来。"此外，就理解而言，学生们能够正确看待漫画家做的选择的后果。因此，以适度的时间成本在 10 年级达到这样的批判成熟度是可能的。尽管这类活动难度很大，但学员们在第三次和最后一次(这次是他们自己完成的)活动结束时都非常积极。

　　我觉得这次活动很有教育意义，它让我能够深度学习一篇文档并写一段关于一篇流行文本的批评。我觉得这种类型的文档应该包含简单但是清晰的解释。当某些概念被简化太多以后，它们有时候会变得几乎无法理解。(……)参加这次活动，我还意识到物理的目的在于从文档中提取相关的信息并选择出主要的，而不是简单地做计算或实验。

　　这次活动帮助我培养了批判意识。现在我能更好地理解为什么有必要查阅多个资料来源来确认我们讨论过的信息。因此，分析文档是很有趣的，可以清楚地知道我们了解什么或不了解什么。

　　这次活动让我相信，有必要花时间好好阅读一篇文章，而不是一扫而过，因为它可能是很有趣的。我们不应该因为有时理解不了就放弃。它也让我明白我可以对一个一眼看上去不会吸引我的主题感兴趣，要不是我必须学习它的话(……)。总而言之，这次活动让我对一些我本来根本不会考虑的事情有了更深的认识。

然而，在这个程序开始时观察到的则是典型的延迟批判：在一份书面问卷调查中，94 个学生中只有 9 个指出地球的图像太大了。此外，他们没有一个人指出这可能妨碍了对于文档的理解。

7.3　对于未来教师的教育：意识与不情愿

为了提供刚才提到的那种教育，我们需要有充分认知的教师。我们可以注意到，我们刚才描述的情节是基于法国国家教育部的一份官方文件(Centre National de Documentation Pédagogique, 2000)，没有提出任何特别的警告。考虑到推广该文件的小组中有许多专家，这反映出教师教育明显缺乏批判性的内容。因此，在教师教育中明确纳入批判性分析是有充分理由的。这里并不是要为这种教育干预提供一种模式，而是要提出一些可能对那些想涉足这一相对未开发领域的人有用的信息。这些内容既可用于长期课程(理想情况下)，也可用于时间非常有限的课程(2 天或 3 天，正如常见的新教师或者在职教师培训项目)。

首先，考虑到批判性表达中涉及的心理认知方面，这些课程的参与者似乎应该获得机会亲身体验一个潜在批判者面对文本时的情景。理想情况下，如果我们能给每一位参与者一份文本并问他们对于文本的意见，他们的个人认知可以被提高："为什么我没有更早做出反应？我本可以看出有些东西不对，但我什么也没说"；"我很久以前就看过这个问题但我全都忘了，所以我不敢说。"这些都是在这种情况下可能出现的说法。训练课程的管理可以采取其他形式，例如，设立小型工作组，学员们交换角色，轮流提出待批判的文本和对它们进行分析。

其次，率先对有问题的文本进行定性的活动有助于提高参与者随后的警惕性。为了达到这个目的，必须要有一个典型文本库和一个分析框架。本书中汇编的范例(参见附录 J)，以及我们的双重分析框架：明显缺陷(第 2 章)和风险因素(第 3 章)，都有助于实现这一目标。然而，这并不意味着分类应该变成一种正式的做法。就如同任何分类一样，它的意义不在于引出鲜明的和无可争辩的决定。相反，这是一个丰富有关文本的问题库的问题，以便更好地理解文本的范围并可能对其提出疑问。

最后，与参与者讨论他们的新的批判性体验如何影响他们的教学实践是很重要的。表 7.3 再现了一个两天的研讨会的第一天结束时，在新教师的培训结束时与他们的对话(研讨会使用的文本全部都是本书中分析过的)。

表 7.3　在批判性分析的研讨会举办一天之后，一名教师和参与者的讨论

教育者：你说你已经意识到，即使你还没有理解所有的东西，也要允许自己进行批判？
参与者 1：啊，是的！
(……)

续表

参与者2：是的，是的，使用文本，你真的需要花时间分析它（……），进行增删。	

教育者：或者原样呈现它，然后，和学生一起，看看需要增加或去掉什么。这是不是太有雄心了？这是你们在摇头的原因吗？

参与者3：首先，我们必须鉴别它们，全部鉴别（那些可质疑的论证）。我很愿意让他们（学生们来批判）但如果我还没有看到需要批判的东西……

参与者1：这有那么糟吗？事实上，你今天有了进步，（下一次）你还会遇到这种情况，你遇到的批判性的情形越多，你就能更好地处理它，更好地做出反应。

显然，他们的认识提高了，也表达了对于警觉的需求。这是不错的基础。说明对课程中涉及的某个主题有很好理解的评论也是很鼓舞人心的：

有一件事（……）需要警惕，就是任何接近于故事的解释。我昨天遇到了这个，（……）因为我刚刚接触了这样的一个警告，我开始做了一个像讲故事一样的解释，然后我对我自己说：停！

但是，我们也不能低估参与者们自己表达的，他们在课堂练习中遇到的相关障碍。

7.4　迈向课堂实施？

7.4.1　困难的感觉

很明显，文本批判活动对初学教师来说是很困难的。

我们都表示我们不能像你一样地分析文本，有很多东西我们没见过。
我们没有意识到这里可能有问题。
我在严重怀疑我的能力，因为我感觉我没有能力独自做这个。
我只是没法自己做这个。我没法在备课的时候后退观察，只能在之后做到。

参与者并没有止于这个发现，而是清楚地分析了他们持非批判性态度的一些原因。

7.4.2　示范应有的样子

读者不经过适当的分析就接受某些拟议文本的原因之一是，这些文本看起来就像一篇完全合适的示范。因此，对于石灰水测试的例子来说，经典的逻辑连接词（我知道，因此）的使用顺序就容易给人信心：

　　参与者：它在我脑海里回响。

　　教育者：它看起来像一个示范，它本来就该是个示范。

　　参与者：本来就该是。

当文本的结论正确的时候，这种麻痹作用就更加强了。

7.4.3　它有效，所以一切都很好

　　第 3 章中提到的"干扰因素"也被明确提到了。当一个解释看上去能得到一个正确的结果，当"它行之有效"的时候，任何批评似乎都是不合适的。

　　在某个时候，你非常迫切地想要展示你找到了可行的方法。

　　与这个条目类似，一名参与者关于石灰水测试的评价清醒地表达了一种资源优化策略。

　　只有一扇门，也只有一把钥匙。我有一把钥匙，所以我能打开这扇门。

7.4.4　教室管理

　　参与者们还为自己顺从地接受某些解释进行辩解，理由是在班级管理中出于经济考虑。

　　首先提出的一个观点是，只要学生们没有发现一条推理链中的缺陷，那么使用它就没有什么弊端。只要学生的不安全感保持在可接受的水平上，就可以最大限度地减少教学工作量。

　　我觉得只要我没有遇到问题，只要学生们没有把问题放在我面前，只要我不处在一种微妙的处境，那么，（……）这就是为什么我难以逆流向上完成工作（……）……

　　但也可能存在这种情况，一名参与者提议不跟进一名有见地的学生提出的批判性评论，因为课程必须要"继续"。

　　我有一种倾向，当我想要继续的时候，我就倾向于稍微批评这种批判精神，说，好，你看到了这个陷阱，但我们现在必须要继续了，今天的模式更受限制，你之后会看到的。然而，他觉得讨论这个话题是很有趣的。

　　同样也存在对于"使他们困惑"或者"沮丧"的担忧：

对，但是如果我们告诉他很多东西，然后在最后我们告诉他：好吧，最后，那不够好……

有些人则提到了妥协的想法：

> 我们在书里找到的一些东西，我称它们为"儿童谎言"，我们知道它是简化了的，我们知道它不是完全准确的，但是我们没法用他们的水平来解释为什么它是不准确的，它只是在他们的世界里行得通的东西，而当他们的世界更大时，我们就能为他们提供更好的（……）
>
> 这里我们涉及一个模型的概念，如果你想对孩子们保持诚实，你就必须告诉他们，这是一个模型，并不是目前存在的最精确的模型。

需要注意到的是，最后这些评论中所设想的限制是根据模型的概念通过更多或者更少的简化来表达的。正如通常情况下，一致性的概念比精确的概念更少被强调。

在参与者的评论中，我们也发现一些关于他们自己受到的教育的遗憾。

7.4.5 批判性态度和教育：从未来教师的视角

回到他们自己的职业道路，参与者们注意到发展批判性态度与他们自己受到的教育之间的联系。

> 教育是导致它（批判消极）的原因，我觉得它是原因之一，因为我们不允许自己变得有批判性。
>
> 有很多我们没见过的东西，我觉得这不仅仅是由于缺乏实践，也许有些东西是教师所内化的，重要的是要学会有意识地这样做。（……）我们没有被教育做这个。

因此，如果我们开始对教师进行批判性分析的教育，我们可以预期得到这些类型的反应。在相对较短的时间内达到这种认识水平似乎是一个可以实现的目标。但要促进课堂教学实践的真正改变，道路无疑是漫长的。

参 考 文 献

Bergman，J.，& Sams，A.(2014). The flipped classroom repentigny. Québec: Reynald Goulet.

Bulletin Officiel de l'Education Nationale.(2011). special issue n°8，October 13th 2011，NOR: MENE1119475A.

Centre National de Documentation Pédagogique(France).(2000). Document d'accompagnement du programme de Seconde Générale(grade 10).

Feller，I.，Colin，P.，& Viennot.(2009). Critical analysis of popularisation documents in the physics classroom. An action-research in grade 10. Problems of education in the 21st century，17，72-96 http://journals.indexcopernicus. com/abstract.php?icid = 900326.

Viennot，L. (1982). L'implicite en physique：les étudiants et les constantes. European Journal of Physics，3，174-180.

Viennot，L. (2014). Thinking in physics，the pleasure of reasoning and understanding. Dordrecht：Springer.

第 8 章　批判：深刻理解的前奏

为什么批判性思维如此难教（Willingham，2007）？这个问题不容乐观。在科学教育中培养"批判性思维"说的多，做的少：这样说的都是将来会成为教师的优秀学生。

Willingham 的问题对我们来说是一个有用的警告，但是当我们成为一名教师或教育者时，我们真的可以决定忽视批判性思维吗？

毫无疑问，发展批判性思维的一个重要前提是，将科学学习看作学习者和教师共同参与的旅程。所以学习不只是"跟随"，也不只是像来回展示图片一样的重复。这意味着你不但要仔细观察你的落脚点，还要知道如何使用眼睛和耳朵向前迈进一步。这样的态度保证了批判性思维的发生，它使我们能够知道依靠什么才能从所查阅的资料中获取最佳信息。这样做不仅适合自学成才的人，也适合有机会向专家学习的人。打个比方，当一个登山运动员想检查一个支撑点时，他在推拉支撑点的同时需要保持其他支撑点。你质疑文章的时候也是这样。质疑不是要诋毁它，而在于看它是否"站得住脚"，以及在多大程度上"站得住脚"。希望能有很好的支持来扩展和延伸文章的结论，或者在某个阶段提出一个好的问题。所以我们的主要目的不是审判。

这本书中提供的大量例子可能令人感到惊讶，因为它们有时非常有学术性。此外，我们对可能发生的事情预警得越多，发现就越多。在理性的基础上值得进行反驳或质疑的文本有很多，我们很快意识到我们自己偶尔也会产生一些这样的文本（读者可以在这本书中练习寻找！）。事情就是这样。人类思维能够追踪精心设计的论证路径，科学界对此控制得非常好。但日常生活、典型教学、普通普及、快速表达、不同层次的受众，都不允许我们轻易停留在这些严谨的高峰上。物理学中常见的推理是被广泛使用的。这些是解释者和他们的受众之间通过有意识或无意识的机制产生共鸣的场所。特别是这些回声解释在不同程度上强加了一种因果线性结构，使变量之间产生二元联系，这种联系不适用于系统分析。我们必须认识到，我们通常是在某种不太精确的表达的基础上相互理解的。但值得研究的是，在哪些情况下，这是行不通的，在哪些情况下，没有被发现的错误理解与不连贯性同时发生。

一方面，一个至关重要的问题是，接受这些解释的人是否意识到自己没有正确理解。这种意识是形成批判性思维的关键。另一方面，我们观察到一种现象，我们称之为"判断麻木"（在第 5 章讨论过），当面对非常不完整甚至前后不一致的文章时，这种现象会影响那些熟悉某些特定主题的人：这些"专家"混淆了他们理解主题和理解文本这两个概念。他们关注的是他们自己，而不是提出的解释，他们实时地纠正他们看到的东西，并满足于阅读给他们的提示。因此，他们无法预测文章对其他人的影响。我们或多或少都有可能在某个时候发现自己处于这种情况。这种缺乏批判性分析的情况——或者称作专业麻木——可以被看作导致表面上坚不可摧的教学仪式、等压气球和其他物化射线得以生存的因素之一，它们持续存在于文章中，但是没人质疑它们。

缺少批判性也常常是因为另一种现象导致的：延迟批评，这是在对将成为教师的人进行深入访谈时所观察到的。在讨论开始时，不是直接谈对错误理解的认识，而是回忆学校生活。这需要足够的反思时间，或者接受专家的信息输入，来激发对所讨论文章的批判性态度。我们可以提到一个解放批判性思维所必需的理解阈值，尽管逻辑上这并不需要。事实上，要发现文本中的缺陷，只需要认真地关注文章就够了，比如双重断言，放射性碳（^{14}C）在衰变但同时它的浓度（相对于 ^{12}C）在大气中保持不变。由此得出一个双重结论。

一方面，如果没有掌握概念，我们就不太可能看到批判性分析的表达。想要学习或获取信息的人都是努力去理解讨论的主题，而不是批判文本，虽然这两种活动应该是相辅相成的。由于记忆有限，个体会对自己的智力不自信，因此他们更愿意相信并尝试去理解所读到的内容，而不是质疑它。这里有一个很好的论据来反对批判性思维的发展本身就是一种技能，没有概念性结构的支持。这一观点，即"批判性思维不是一套能够在任何时间、任何情境应用的技能"（Willingham，2007，P. 10）：一个人在不同的情况下，根据所涉及的主题，他或她的理解阈值不同。这种观点反对使用"批判性思维"一词，因为它可能暗示了特定个体的内在品质。我们更愿意把批判性态度说成是一种潜能的激活，认知心理学家向我们证实，这种潜能已经存在于非常年幼的儿童身上（Willingham，2007）。

另一方面，我们可能希望避免过分抑制批判。如果认真阅读一篇文章，并且对文章中使用的术语的意义没有重大疑惑，就足以发现不一致或逻辑不完备之处，那为什么还要推迟呢？当被给予一个原则上是为他们而准备的解释时，不管是学生还是教师，以至于任何人，如果能诚实地列出什么得到了解释，而什么没有，都会从中受益。智力要求必须与严格的分析相结合，这正是我们这本书所鼓励的。但是"教授批判性思维真的那么难吗"？

我们也有很多持乐观态度的理由。首先，人们对自己不熟悉的主题文章也会持批判的态度，而不会受到自己认知不足的影响。这种情况虽然很少，但至少也是有可能的。其次，我们在第 7 章所讨论的调查中，尽管参与者毫无疑问不愿意进行批判，但在采访结束时每个被采访的人仍然感到很满意。同样的现象也发生在小组教育课程中。在感到满意之前，他们更多的是表达惊讶——"这是我第一次问自己这个问题"——通常伴随着对他们以前教育的批判。在经历一段时间的困惑后，批判性和清醒态度的触发是一件大事。"我正在强烈质疑自己"，一位参与者这样说。另一位参与者说，在教师教育课程中，他意识到自己在前一天的课程中的行为有风险："我开始像讲故事一样给出解释，然后我赶紧叫停自己。"

这样的教育要想产生持久的影响，似乎至少需要两个必要条件。一个条件是之前提到的对所涉及的主题有一个最基本的概念框架。目的是让大家在教育过程中能较好地理解相关术语，同时在逻辑推理中进行运用。另一个条件是心理认知条件。每个人都应该相信，当作者说提供解释的时候，他理应期待的是一个有意义的解释。虽然读者的相关知识有限，记忆也可能是错的，但是这些不是他们必须被动接受解释的理由，他们可以用各种方法对这些陈述进行批判。我们的调查测量了这些将成为教师的人是如何延迟批判的，在进行批判之前他们犹豫了几次，我们想说这是一种主要的心理认知障碍的痕迹。从这个角度来看，批判性分析教学并不仅仅是为了征求大家的批判意见而向大家展示一系列实例。Houdé（2014）通过训练前额叶皮质来控制思维的想法很有趣，但仍不太具有可操作性。一个关键的问题是要鉴别在哪种情况下特别需要这种控制。长久地陷入批判性偏执对我们的神经元系统可能是有害的。因此，拥有一份文本缺陷和风险因素的列表，使我们可以有选择地控制批判注意力是有价值的。同样重要的是，要让每个人都相信自己是有批判潜力的，他们有办法这样做，也被允许这样做。

如果批判性分析避免了纯粹的负面影响，这种努力就更有可能成功。事实上，有必要将批判性分析看作行动的跳板，这句话远远超出了物理学的范畴。发现什么是错的，什么是缺失的，通过把同样的紧迫感强加于自己，这是向前迈进的理性基础。在物理学领域及其他领域，这种努力加深理解的方法不仅适合前后不一致的或者有重大漏洞的文本。事实上，批判性分析是充分利用任何带有解释性目的的文本的最佳方法。目的就是尽可能精确地提取文本信息，评估逻辑连接的价值，检验它的概括性，简而言之，就是评估这篇文本的真正用途。作为这项工作的基础，连接起着重要的作用。文本的开头和结尾，形式方法和自然语言，来自不同来源的几条信息，所有这些都必须毫无矛盾地整合在一起。有些时候，当我们能从中获益时，从学习动力的角度来看，我们会发现智力满足比舞台效果和华丽的图像更有价值。

在本书的最后，我们希望重申在两个层面上发展智力生活的重要性：概念性和批判性。在哲学问题上，这是不言而喻的。因此，我们邀请读者来推广这种方法。除了每个人积累的知识之外，或者更确切地说，在此基础上，批判性分析是思想的一个重要组成部分。适度而自由地行使这一权利构成了一个宏伟的教育目标，值得机构和个人做出真正的投入。

参 考 文 献

Houdé，O. (2014). Le raisonnement. Paris：PUF.

Willingham，D. T. (2007). Critical thinking：Why is it so hard to teach? American Educator，31，8-19.

附　　录

附录 A：认识论的立场

　　我们对于物理中的批判性思维的处理方法是基于一个认识论的立场：任何寻找发展新科学知识群体的目标都旨在提出声明并将其提交给批判，或在内部进行批判，或将其开放给更广泛的讨论。因此，物理学和其他学科一样，是一个必须要有批判性分析的领域。然而，在我们看来，有些因素似乎特别有利于通过物理学来学习批判性分析。

　　第一个因素涉及物理规律中高度的数学化。物理学中的大部分陈述都是以数学关系的形式出现的，这有助于(只要你掌握了数学语言)发现内在的矛盾或更加清楚地了解一个具体的变量在推理中的作用。确实，就如 Hulin(1992)论证的，"单凭自然语言……并不适合表达物理量之间的关系，更不用说根据这些关系展开论证了"。

　　第二个有利因素是物理学中存在定义明确、可测量的量。当然，可测量的量在其他领域也存在，但是在物理学中，正是规律和无处不在的数值使定量检验预测成为可能。正如 Ogborn(1999)所言，科学被一种"在事务性的想象和不妥协的现实之间建立紧密联系"的持续努力所约束。这意味着"严肃考虑并系统发展这一观点：尽管我们可以随心所欲地思考，但我们无法为所欲为"(P. 17)。尽管发现预期结果和观测到的结果之间的差异是相对简单的，但要如何解释这种差异则会更加复杂。造成这种差异的原因可能是基本物理规律、描述物理情形的模型或者测量本身。基本物理规律很少受到直接挑战。事实上，物理学是一门结构非常严谨的科学，致力于对世界进行连贯而简洁的描述，用数条定律来解释特定有效范围内的大量现象："(……)，解释的价值在于它们使我们能够统一和组织知识。(……)。因此，科学知识是统一的，以至于我们可以从最少的假设中得出最多的事实。"(Norris et al.，1989，参见 Kitcher，1981；Ogborn，1997：Jenkins，2007；Thagard，2008)这种统一的观点为我们在证据确凿或预测与实验结果不符的情况下做出结论提供了重要指导。例如，Papadouris 等(2018)采取了 Duhem 的观点(1908)："不承受观察数据在审视解释中的批判性重要地位，他们就并不足以产生决定性的有效的判断。意识到这一微妙之处非常重要，因为它使我们能将经验证据置于认识论上的知情视角中，并避免高估其重要性。"(P. 224)在这方面，

1846 年发现海王星的例子经常被讨论(Holton and Brush，2001)。关于天王星的轨道，预测和观测之间发生了偏差。在这种情况下，考虑到牛顿万有引力定律的巨大统一力量，最终人们决定寻找一个新的星球而不是拒绝引力理论。然而，在某些情形下，需要重新审视的是物理定律，而不是模型(这里包括需要考虑的星球数量)。这就导致了物理理论的整个部分的重新构建来保证整体的一致性[见(Kuhn，1962)定义的"科学革命"]。例如，在从牛顿理论向广义相对论过渡的过程中，就出现了这样的重构，广义相对论现在解释了水星近日点的进动问题。

在本书中，我们希望强调这种巨大的一致性，以及它给推理带来的约束，无论是在解释还是在预测的过程中。在这样一个框架下，需求是很基本的：一个最低水平的批判能力意味着能够发现自相矛盾的陈述或者违背基本物理定律的陈述，也能够辨别从逻辑角度不完整的解释。这些矛盾或者不完备的解释可以通过或多或少的简单推理来发现。在我们的例子中，我们设想的情况是，可以从非常简单的论证中识别出有疑问的陈述，"简单"指新手教师甚至更年轻的学生也能合理地做到。这种对于一致性的强调并不意味着这种关注是科学进步的充分条件。正如 Ogborn(1999)所写"科学进步中没有什么能保证成功"(P. 6)。但至少我们可以说，发现一个具体论证中的瑕疵——在一致性或者逻辑不完备方面——在广泛的科学实践中都是关键能力，在物理学中尤为如此。这种能力并不涵盖"批判性思维"(Jiménez-Aleixandre and Puig，2009)这个词语的全部意义，但它是一种必要财富，一个无论在哪个领域都能过上富有成效的智力生活的共同(最小)需求。

关于物理学，有一个风险值得强调。正如 Ogborn(1999)所指出的，"这里有(……)，在某些知识领域，我们可以正确地提及实用确定性，也就是说，在进一步通知之前，我们可以毫不犹豫地依赖这些知识，疑虑之所以消失，是因为没有严肃的未经审查和排除的替代方案。也许最好的办法是把这些安全的知识领域看作不可知的海洋中的部分岛屿，尽管它们存在的价值使我们总是容易高估它们的重要性"(P. 6)。我们必须记住，任何我们接受为有效的解释还必须被视为一个可以改进的智力客体(Ogborn，1997；Papadouris et al.，2018)，并且这种改进的可能性不排除进行根本性改变(Kuhn，1962)。

另一个风险是关于简化的想法。显然，物理学的解释是建立在物质世界模型的基础上的，而这些模型忽略了物质世界的某些复杂性。简化的想法是不可避免的，也是富有成效的，因此它作为探索物理现象的第一步是合适的。但是我们要强调的是，在一个给定的模型中，某些类型的结果是不可避免的，这就限制了可以被成功视为初步简化的范围。本书中讨论的"等压热气球"的典型案例在这个问题上很有启发性，因为我们设想的简化消除了一个关键变量：压力梯度，因而毁掉了任何一致性解释的希望。

科学面临的这些限制和风险使批判性思维成为发展科学解释和学习科学的

必要条件。正如 Henderson 等(2015)所指出的：(……)"对于评价哪种观点更有成果、更可信或更简单可行，批判都是必需的。"(P. 1683)我们赞同他们的以下观点："建构知识(……)，并不是一种概念被另一种替代的产物(如 Posner et al.，1982)，而是一个在两种相互竞争的信念之间权衡替代方案和评估概率平衡的过程——简而言之——'一种建构与批判之间的辩证'(Ford，2008)"(P. 1676)。我们承认，关于这一评估过程，我们在此提出的思考仅涉及非常初步的步骤，例如，检验内部一致性、与广泛接受的规律的兼容性以及解释性文本的逻辑自洽性。

参 考 文 献

Duhem，P. (2003). Sauver les apparences. Paris：Vrin(original edition：1908).

Ford，M. J. (2008). Disciplinary authority and accountability in scientific practice and learning. Science Education，92(3)，404-423.

Henderson，J. B.，MacPherson，A.，Osborne，J.，& Wild，A.(2015). Beyond construction: Five arguments for the role and value of critique in learning science. International Journal of Science Education，37(10)，1668-1697. https://doi.org/10.1080/09500693.2015.1043598.

Holton，G.，& Brush，G. S.(2001). Physics，the human adventure: From Copernicus to Einstein and beyond(3rd ed.). New Brunswick：Rutgers University Press.

Hulin，M.(1992). Le mirage et la nécessité: pour une redéfinition de la formation scientifique de base. Paris：Presse de l'Ecole Normale Supérieure et du Palais de la Découverte.

Jenkins，E. W.(2007). School science: A questionable construct? Journal of Curriculum Studies，39，265-282. doi: https://doi.org/10.1080/00220270701245295.

Jiménez-Aleixandre，M. P.，& Puig，B.(2009). Argumentation，evidence evaluation and critical thinking. In B. J. Fraser，K. Tobin，& C. McRobbie(Eds.)，Second international handbook of science education(pp. 1001-1015). Dordrecht：Springer. doi: https://doi.org/10.1007/978-1-4020-9041-7.

Kitcher，P.(1981). Explanatory unification. Philosophy of Science，48(4)，507-531.

Kuhn，T. S.(1962). The structure of scientific revolutions. Chicago：University of Chicago Press.

Norris，S. P.，Guilbert，S. M.，Smith，M. L.，Hakimelahi，S.，&，Phillips，L. M.(2005). A theoretical framework for narrative explanation in science. Wiley Periodicals，Inc. Science Education，89，535-563.

Ogborn，J.(1997). Constructivist metaphors of learning science. Science & Education，Special double issue on philosophy and constructivism，6(1-2)，121-133. https://doi.org/10.1023/A:1008642412858.

Ogborn，J.(1999). Unpublished MS privately communicated，based on Ogborn，J.(1994). Theoretical and empirical investigations of the nature of scientific and common sense knowledge. PhD Thesis of the University of London，May 1994.

Papadouris，N.，Vokos，S.，& Constantinou，C. P.(2018). The pursuit of a"better"explanation as an organizing framework for science teaching and learning. Science Education，102(2)，219-237.

Posner，G. J.，Strike，K. A.，Hewson，P. W.，& Gerzog，W. A.(1982). Accommodation of a scientific conception: Toward a theory of conceptual change. Science Education，66，211-227.

Thagard，P.(2008). Explanatory coherence. In J. E. Adler & L. J. Rips(Eds.)，Reasoning(pp. 471-513). Cambridge：Cambridge University Press.

附录B：一堂关于热传导的课程

本附录详细介绍了一个案例[之前在(Viennot，2013)中分析过]，其中一份为中学低年级教师准备的文档在物理学方面存在内部矛盾。该文档的作者似乎没有发现这一点，因为它既没有被记录也没有被评论。我们提供这个例子来支持一个存在性理论：一个人，特别是在教学实践中，在遇到物理学中的内部矛盾时并非一定能够识别。

这节课是在 DVD 中提出的，目的是推广一种强调探究的教育方式。演示被分成一集一集，其中观察了不同的学生组，由三位老师(生命和地球科学、物理和化学、科技)轮流指导。在这段组合式流程中，每一集都展示了教学过程中的一个阶段(在 DVD 中由黑体表示，如下所示)。**在确定引起研究的问题**(我们在火星上，这里很冷)过程之后，**学生们提出了解决这个问题的策略**。在黑板上，提出了一个问题：**如何在高温和寒冷中保护建筑物和衣物？**

　　T(教师)：因此，为了回答这个问题，我们要尝试列出我们可以使用的材料清单。你们现在可以提出建议。

在教师的鼓励之后，就进入**收集想法和体验记录**的环节。

　　S(学生)：救生毯。
　　T：救生毯。那么，你知道它是什么材料的吗？救生毯上的什么材料能让你存活下来？
　　S：铝。
　　T：是吗？有些人认为是。那么我们要列出这些材料。我要把这个写在黑板上，然后我们要拿一点这些材料，因为我们没有⋯⋯

这一系列活动的核心是由学生们列出材料、提出假设，设计实验，每个过程都有非常积极的学生们参与讨论。例如，用一个杯子大小的容器装满热水，然后盖上用不同材料做成的盖子。在每个容器的盖子上放一块冰块，然后比较冰块融化需要的时间。在另一集中，实验改成了将制作盖子用的一片材料直接放在工作台上。在两种情况下，材料用铝时，冰块融化最快。这是教师、学生交流中的一个关键步骤。

　　T：所以，它融化得最快，这意味着铝(回到原始的假设)，它是一个好的隔热材料吗？
　　S：不是。

　　T：不是。它能在寒冷中保护我们吗？

　　（学生齐声回答）：不能。

　　此处提供的分析关注于两点观察：①在 DVD 展示的所有实验中，没有一个提到要将测试的材料的几何维度纳入考虑的因素；②此处引用的最后一集展现了似乎被所有人接受的两个结论，表述如下：铝不是好的隔热材料，以及它不能在寒冷中保护我们。第一个结论在后面得到了证实，而第二个在 DVD 中没有与救生毯中含有铝这个事实联系起来。

　　这个结论——人不能在寒冷中用铝保护自己——是有问题的，因为这与在过程开头接受的观点"使用救生毯是有益的"相矛盾。事实上，对救生毯的功能的物理学分析需要考虑几个不同的能量传递过程：传导、对流、辐射。然而，实验之后得出的结论只考虑了传导，而救生毯的优势在于其辐射特性。

　　由于该 DVD 的结构，我们无法得知同一批学生是否遇到了这两个相互矛盾的观点——救生毯能让你存活和铝不能在寒冷中保护你。但观看该 DVD 的教师将无法知道这样一个讨论是否需要或者怎么实施。该 DVD 暗示这里是没有问题的。

　　好奇的读者将在附录 H 中找到关于救生毯的功能的物理学分析（也可参见 Viennot and Décamp，2016a）。该分析考虑了不同的能量传递过程（传导、对流、辐射）而该 DVD 报告的讨论得出的结论只考虑了传导。

参 考 文 献

Viennot，L.(2013). Les promesses de l'Enseignement Intégré de Science et Technologie(EIST)de la fausse monnaie? Spirale n°52，51-68.（The Promises of Integrated Science and Technology Education(ISTE)：Fake Currency?).

附录 C：大气成分和放射性碳测年

　　对于未来的物理教师来说，放射性碳测年这一课题似乎是众所周知的。它是基于碳的一种同位素原子的放射性衰变（$^{14}C \rightarrow {}^{14}N +$ 电子 + 反中微子）。放射性衰变律给出了初始 N_0 个 ^{14}C 原子在时间 t 后剩下的数目 $N(t) = N_0 \exp(-\lambda t)$。常数 λ 的数值与有一半初始原子剩余的时间 τ（"半衰期"，此处为 5730 年）相联系：$\lambda = \ln 2 / \tau$。因此，对于给定的初始原子群 N_0 来说，放射性原子的数量会越来越少：对于死去的有机体中的 $[^{14}C/^{12}C]$ 比例的测量能够估计初始数量的原子已经衰变了多久（^{12}C 原子是稳定的）。无论如何，为了知道指数的数值以及由此得到有机体死亡后经过的时间，我们需要知道当时碳骨骼中 $[^{14}C/^{12}C]$ 的比例。然而，我们承认，由于新陈代谢导致的元素交换，一个还活着的有机体的骨骼中的$[^{14}C/^{12}C]$比例都和大气中的保持一致。另一方面，一旦死亡，上述交换就会停止，因此骨骼中的^{14}C无法得到补充。之后的问题就是如何知道有机体死亡时大气中的$[^{14}C/^{12}C]$比例。应对这个问题，我们接受大气中的组成是与现在一样的观点。难道是大气中的放射性碳不会分解吗？这太荒谬了！这里只有一种可能性：有一个机制以与衰变相同的速率向大气中加入放射性碳原子。这个机制与被称为"宇宙"的中子作用在氮原子核(^{14}N)上相关[实际上是由于宇宙射线的粒子作用在大气原子(例如，氧)核上导致的]：这个过程会产生放射性碳原子(中子 + $^{14}N \rightarrow {}^{14}C$ + 质子)。很好，但是，这样产生的碳原子怎么会与放射性衰变相平衡呢？一个给定的$[^{14}C/^{12}C]$又是如何产生和保持的呢？

为了便于理解这些要点，我们提出了以下的类比(Décamp and Viennot, 2015)。

移除的类比

想象一个有着稳定人口N_{Tot}的国家。人口被分成两类：农村人口(N_R，类比^{14}C)和城市人口(N_U，类比^{14}N)。假设每年10%的城市居民(从N_U中)移动到农村，同时40%的农村居民(从N_R中)移动到城市。

每个类别的人口能保持恒定吗？是的，如果他们的数量保证交换是平衡的，即

$$0.01N_U = 0.04N_R$$

或者

$$N_U = 4/5N_{\mathrm{Tot}} \ \mathrm{及} \ N_R = 1/5N_{\mathrm{Tot}}$$

如果城市人口低于平衡值，从农村移动到城市的人数就会多于相反方向的，因此城市人口就会增加直到达到平衡值。如果城市人口高于平衡值，从城市移动到农村的人口就会多于另一个方向的，因此城市人口就会降低到平衡值。

因此，无论最初城市和农村区域间的人口分布如何，最终城市和农村人口都会处于同一个比例。

这个耐人寻味的结果事实上是由于居民交换率的乘法结构造成的：这些变化率与现有人口成正比。

这一类比可以很好地应用到对放射性碳测年的理解中，理由如下：

当一个放射性碳原子(^{14}C)分解时，它产生(除其他粒子外)一个氮原子(^{14}N)。当一个氮原子(^{14}N)与宇宙线中的中子反应，它产生(除其他粒子外)一个碳原子(^{14}C)。发生的所有事情都和两种人口交换个体("移动"的人)类似。此外，交换率与现有人口之间的比例关系确保了农村人口和城市人口之间的稳

定，无论最初的情况如何，或是否有意外情况发生(例如，对于放射性碳来说，火山喷发)。

表 C.1 总结了涉及的问题以及提出它们或者可能回答它们需要的先验知识和教育水平。

表 C.1　关于 ^{14}C 测年中涉及的问题和知识要素，以及表达它们和可能回答它们所需的先验学术水平

问我们自己的问题	中学毕业时需要[a]并可获得的知识要素	大学毕业前需要[a]并可获得的先验知识要素
如何得到研究的有机体死亡时的 $[^{14}C/^{12}C]$ 相对浓度？	碳同位素 ^{12}C、^{14}C	
	有机体的食物链，植物和大气之间的物质交换	
有机体死亡时大气中的 $[^{14}C/^{12}C]$ 比例是多少？	有机体死亡时具有与当时大气中相同的 $[^{14}C/^{12}C]$ 比例	
	有机体死亡时的大气组成与现在相同	
	放射性衰变：初始 N_0 个 ^{14}C 原子在时间 t 后剩下的数目 $N(t) = N_0 \exp(-\lambda t)$	
如果我们接受大气中的 $[^{14}C/^{12}C]$ 比例保持不变，我们如何证明这个断言？	氮原子，^{14}N：原子核的组成。^{14}C 原子的解离产生一个 ^{14}N，而 ^{14}N 原子和一个中子的核反应产生一个 ^{14}C 原子	
	两种变化的时间速率都与现有的粒子数目成正比	并不严格必须
	^{14}N + ^{14}C 原子的总数保持不变	中子 + ^{14}N → ^{14}C + 质子
	见关于移除的类比的文本	^{14}C → ^{14}N + 电子 + 反中微子

[a] 需要：至少提出问题，以及尽可能回答它。

参 考 文 献

Décamp, N., & Viennot, L. (2015). Co-development of conceptual understanding and critical attitude: Analysing texts on radiocarbon dating. International Journal of Science Education, 37, 2038-2063.

附录 D：面向非专家的马格纳斯效应

在这个例子中，即使不完全了解提到的情况，我们仍然可以发现推理中有争议的方面，在此处展示的就是严重不完备和对定律的间接否定。题目是一个自转小球的非抛物线轨迹(马格纳斯效应，图 D.1)。一份高校教师科普文本的作者解释道：

> ……我们知道，压强和速度是相联系的。想象一下，空气中相邻的两个点之间有一个压力梯度。由于这个压力梯度，空气受到压力，因此倾向于向压强较小的点加速；在某种意义上，空气被高压推动。换句话说，低压区域的速度增大。我们因此总结为压强较低的地方速度较快，同样地，压强较高的地方速度较慢。

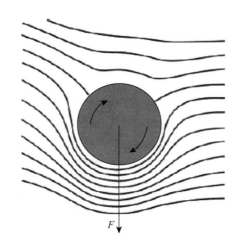

图 D.1　马格纳斯效应，当一个流体(从左至右)流过一个旋转的球体：接触到更狭窄流管的球体部分受到更小的压强

　　这段文本由图 D.2 支持。这段论证似乎含蓄地提到伯努利定理，即当无黏滞不可压缩流体(密度 ρ)的流速恒定时，令 g 为单位质量的重力，量 $v^2/2 + p/\rho + gz$ (密度：ρ；压强：p；流速：v；高度：z)沿着流线是恒定的(如果 v 的旋度为 0，这个量在整个流体中就是恒定的)。注意这里没有提到适用情形。现在我们如何知道哪里的速度更低？顺便一问，比什么低？上述文本提出了同一气团在不同时间的速度的比较："空气被推动(……)速度增大。"为了支持这一论述，一幅图显示出含有平行流线的两个相邻的流管，其中一个流管中有两个流速不同的段。由于流线平行，考虑的流速在不可压缩流体中不可能是不同的。其次，我们比较的速度和压强是两个点(球的上方和下方)的速度和压强，而这两个点并不在同一气团的运动轨迹上，这我们该如何理解？

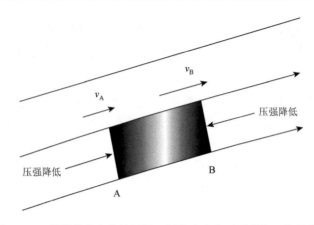

图 D.2　一份科普文本中的插图，解释流速和压强的相互依赖关系

　　表 D.1 总结了涉及的问题以及提出它们或者可能回答它们需要的先验知识和教育水平。

表 D.1　关于本附录所分析文本涉及的问题和知识要素，以及表达它们和可能回答它们所需的先验学术水平

问我们自己的问题	中学毕业时需要[a]并可获得的知识要素	大学毕业前需要[a]并可获得的先验知识要素
不可压缩流体如何能够在一个截面恒定的管子的两处(A、B)以不同的速度(v_A、v_B)流动？	圆柱形流管：同样体积的截面	不可压缩流体 流速 稳定流体 此处，管子有恒定的截面；如果流体是不可压缩的，流体的速度在管中保持不变，$\nabla \cdot v = 0$ 因此，此处提出的解释是无效的
牛顿力平衡隐含地涉及的物体是什么？	牛顿第二定律 此处，考虑的物体是两个截面之间的流管中的液体	
涉及的所有力都被考虑了吗？		黏滞 黏滞为零的流体(无黏滞流体) 此处，并没有提到提出的推理在黏滞不为零的时候是无效的
比较沿着给定流管的流速如何解释球体表面不同点的压强差？	如果解释伴有一张画着球体周围空气流线的插图(如图 D.1)，就会很清楚不是球上的所有点都受到同一个流管的影响。在此不做说明	对于压强和流速之间的关系，伯努利定理(见文本)对于恒定区域的不可压缩无黏滞流体解决了这个问题 为了获得一致的解释，必须考虑到在所有的流管中，在远离障碍物处压强被认为是一样的，而在接触球体时多或少减小了。减小的值依赖于气体相对于球的速度——相对速度依赖于球的转动

[a]需要：至少提出问题，以及尽可能回答它。

附录 E：被刺穿的瓶子和水流的射程

本附录广泛参考了（Viennot，2014，PP. 135-139）。

通常都会认为，从一个被刺穿的瓶子里射出的水流撞击到瓶子底部的支撑物时，其射程随着穿孔到水面的距离增加而增加。这暗示了（有人会说，展示了）随着水深的增加，每个孔的压强增大。很明显这个结论缺乏严谨性，并且混淆了结论的准确性（压强增大……）和演示的价值。本演示的具体原理是有争议的（见下文的计算）：我们想显示通常称为"静水压"的增大，尽管我们处理的是一个动态的情形。对这种情形的标准处理方式，如下文所示，是假设水从液面处在恒定压强下自由下落，并计算出口流速——这是一个极大的讽刺。因此，我们很难把水流的射程和出口的压强联系起来，所以我们选择了另一个变量：水流的出口流速，而它是水平方向的。它依赖于孔的深度（的平方）。除此以外，如果我们真的做这个实验（建议使用溢流系统来保持恒定的总液面高度），我们会观察到最大射程属于中等高度的孔（第 2 章，图 2.8），而关于该孔对称的两个孔有相同的射程。这是由于水的出口流速不是唯一的相关变量。在瓶子外自由下落的时间也会影响水在落地前水平移动的距离。最终这两个因素的乘积决定了观测到的距离。出口流速和自由下落时间（的平方）分别依赖于孔到液面的距离和到支撑面的距离。两者的乘积决定了水流落地的位置。

标准计算

经典的计算是对这种情况使用伯努利定理（Acheson，1990，P. 10）。其前提条件是流动状态稳定，液体具有不可压缩且无黏滞的性质。将该定理应用到一条流线的两点上（图 E.1），一点（A）在自由液面，一点（B）在水流出口（高度为 h），得到：

$$v_A^2/2 + p_A/\rho_{water} + gz_A = v_h^2/2 + p_B/\rho_{water} + gz_B$$

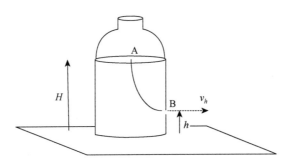

图 E.1　对于瓶中水的流动，在流线上的两点使用伯努利定理

我们假设自由液面(面积远大于孔)的流速 v_A 与考虑的孔的出口流速 v_h 相比几乎为零。自由液面和孔的压强相等，即都等于大气压。上式可写为：

$$p_{atm}/\rho_{water} + gz_A = v_h^2/2 + p_{atm}/\rho_{water} + gz_B$$

因此，速度的平方 v_h^2 正比于 $z_A - z_B$，也就是水面的高度 H 和孔的高度 h 的差：

$$v_h^2 = 2g(H-h)$$

有趣的是，注意到这个方程与自由落体模型得到的一样。我们不能使用关系式 $p_h - p_{atm} = \rho g(H-h)$，其中 $p_h - p_{atm}$ 是高度 h 和 H 处的压强差，因为它假设静水压情形，明显不适用于有加速水流的情况。

另一个影响水流的量：水流在瓶外的自由落体时间 t_{ff}，满足 $h = (1/2)gt_{ff}^2$。时间的平方 t_{ff}^2，正比于孔到水流落在的桌面的高度 h：

$$t_{ff}^2 = 2h/g$$

假设水流在孔口是水平方向的，它的射程由孔的速度 v_h 乘以自由落体时间 t_{ff}，得到：

$$d = v_h t_{ff} = 2[h(H-h)]^{\frac{1}{2}}$$

因此水流的射程依赖于两个和为 H 的距离的成绩。当瓶中的水面高度保持恒定时，我们观测到一个稳定的流态，最大射程在孔为一半高度时取得：

$$h_m = H/2$$

在这个模型中，关于 h_m 对称的两个孔会产生相同射程的水流。

我们必须澄清，该实验的实际实现证实了观察到的水流射程的规律与预测相符，但具体数值则不然。对于孔以及水流的黏滞性仍存在问题。关于更多细节，见(Planinšič et al.，2011)。

表 E.1 总结了本附录讨论的关于穿孔瓶常见文本涉及的有用问题和知识要素，以及表达它们和可能回答它们所需的先验学术水平。

表 E.1　关于穿孔瓶常见文本涉及的问题和知识要素

问我们自己的问题	中学毕业时需要[a]并可获得的知识要素	大学毕业前需要[a]并可获得的先验知识要素
根据图 2.8 中引用的文档，在支撑面高度的孔将有更远的射程，但实际上水在垂直方向被重力所加速，会立即撞上支撑面。	自由落体，水平和垂直方向的时间等式	
	有必要考虑在瓶外的自由落体时间，而不仅仅是出口流速	水平方向和垂直方向运动相互独立的条件：忽略黏滞以及水和空气的阻力
	(在重力影响下)穿过不可压缩和无黏滞流体的下落中的能量守恒(无耗散)	黏滞，无黏滞流体
	函数 $d(h) = 2[h(H-h)]^{\frac{1}{2}}$ 的极值	能量平衡可以视为伯努利定理的一个应用

续表

问我们自己的问题	中学毕业时需要[a]并可获得的知识要素	大学毕业前需要[a]并可获得的先验知识要素
根据图2.8中引用的文档，在支撑面高度的洞将有更远的射程，但实际上水在垂直方向被重力所加速，会立即撞上支撑面。	该函数的导数在 $h=H/2$ 的时候为零	此处没有提到提出的推理对于非零黏滞的流体(当水较冷时就是如此)和空气阻力不可忽略时(当水在空气中的路程较长时就是如此)是不成立的
这个分析和静水压随着深度增大有什么联系？	静水压 处于平衡态的水的压强不是此处考虑的问题。我们只在讨论处于加速下落中的水	
指出通过伯努利定理处理这个问题只不过是忽略了水中的耗散是有用的(也是不常见的)。不提到伯努利定理的适用条件进一步模糊了这个想法。常常忘记自由下落的时间的作用而只考虑水的出口流速		

　[a] 需要：至少提出问题，以及尽可能回答它。

参 考 文 献

Acheson，D. J. (1990). Elementary fluid dynamics. Oxford：Clarendon Press.

Planinšič，G.，Ucke，C.，& Viennot，L. (2011). Holes in a bottle filled with water: Which water jet has the largest range?

　　Muse project of the EPS-PED：http://education.epsdivisions.org/muse.

Viennot，L. (2014). Thinking in physics the pleasure of reasoning and understanding. Dordrecht：Springer.

附录 F：电池、电解槽和电流的方向

　　在大学的头几年，电流有时是继静电学和静磁学之后讨论的一个主题，并被作为电磁学的一个特例。尽管有些此类演示文稿是表现良好和自洽的，但在高中阶段的"简化"版的方法可能含有一致性和完整性的问题。因此，我们常常发现以下基于静电学知识来解释电流的方向(Academy of Bordeaux，n.d.)：

　　　　电池的两极之间有一个永久的自由电子的密度差：负极的电子密度比正常要高而正极缺少电子。如果一条电路连接到电池，电路中的自由电子会被电池的正极吸引而被负极排斥。它们在电池外从负极流向正极。

　　这些文本中的句子没有一句违反静电学规律，但是最后一句("电池外")让我们不禁要问，电池内部到底发生了什么，并质疑这个简化的解释。确实，如果较高的电子浓度创造了一个电荷奇点，那它不应该各向同性地吸引正电荷吗？如果这样的话，我们是否应该认为电池内部的电流方向是与外部的电流方向相反？见多识广的物理学家知道事实并非如此，但与此同时，他们也会谨慎地看待这种只涉及两个具体的电荷奇点的解释。

　　然而，这种解释同样也能在电解槽的学习中发现(Academy of Bordeaux，n.d.)：

因为电解质溶液是液体，组成它的所有粒子可以自由(这是液态的性质)且随机地移动。而当溶液构成一个电流回路时，所有带电荷的粒子(离子)不再自由运动，而会被电极两端吸引：

负离子(带负电，如电子)被正极吸引[…]。

正离子(带正电)被负极吸引。[…]。

此处更容易受到批判，因为这里明确提到了离子，而众所周知，离子参与了电池内部的电传导；耐人寻味的是，当它们在电解槽中时，它们被电极吸引，而在电池中它被同一个电极排斥(图 F.1)。

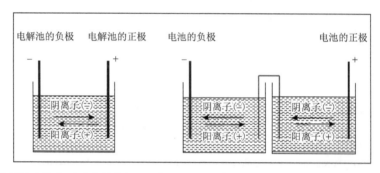

图 F.1　电解池中的离子迁移常常用"(带正电的)阳离子被电池的负极吸引而(带负电的)阴离子被电池的正极吸引"来解释。那么看到电池内部的离子沿着反方向迁移就是耐人寻味的

从表面电荷分布的角度来看，其他表述方式有助于改进这些解释(图 F.2)。例如，Chabay 和 Sherwood(2006)就采用了这种表述方式。

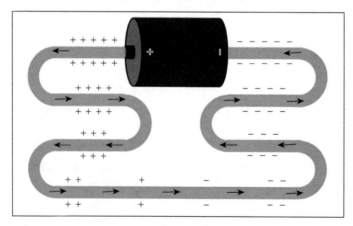

图 F.2　(图 2.10 的重复)处于准静态区域的简单电流的电荷分布。表面电流被展示在电路的不同点，使得电荷梯度和由此导致的电场是明确的。特别参见(Chabay and Sherwood, 2006)。在这里没有显示的是，电路弯曲部分的电荷对于解释电流(平均来说)沿着导线是必要的

此处，这种电荷分布解释了导体中的电场并由此解释了电流的方向。

遗憾的是，由于沿闭合回路的电场环流为零（在恒定直流电流中 $\nabla \wedge E = 0$），沿电路的电势必然存在一个极大值和一个极小值（除非它是均匀的）。我们最初的问题可以用电势来表述：如果电子在电池外沿着电势梯度的方向运动（而可能的正电荷沿着相反方向），负离子能否在电池内部逆着电势梯度方向运动（与正离子相反）（图 F.1）？总的来说，从外部来看，似乎"在电池内部，（……）电流（……）沿着电势增加的方向流动"（Université de Compiègne，n.d.）。

为了避免这一悖论，人们提出了不同的建议。最传统的方法是假设存在另一种称为"电动势"的场。我们在 Bruhat（1963）的选段中发现了它的踪迹："一个电池的基本特征是通过不同的机制创造出一个电动势场。"（P. 251）伴随这一选段的示意图展示在图 F.3。

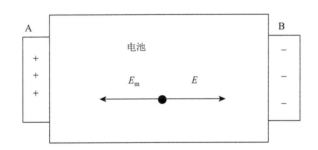

图 F.3　展示电池内部的电场和电动势场的插图（Bruhat，1963）

电动势场存在的理由以及与它相关的相互作用没有提及。

其他作者小心翼翼地将这个问题从动力学（或者甚至物理学）的领域挪开，而仅仅简单地从能量的角度来探讨：在这种情况下，人们常常提到化学能被转化为电能，却未明确解释这些术语的定义。另一种方法是类比为水泵。提出者同样很了解这个问题，将电池暗示为一个"泵"，能够将回路中的水"抬高"，但同样没有明确指出这种"泵"的物理机制。然而，如果对情况进行更详细的检查，就可以消除歧义，并使人确信电池内流动的离子是按照静电学的规律运动，如图 F.4 所示。

图 F.4 显示了两个重要的电势跃迁。这两个跃迁的尺度不同解释了开回路的电池两极的电势差（$E = \Delta\varphi^+ - \Delta\varphi^-$）。在闭合回路中，两极间的电势差 U 稍小一些，考虑到由于电流（与电池外相同）通过电池内阻 r 导致的电势下降：$U = E - rI$（其中 $E = \Delta\varphi^+ - \Delta\varphi^-$）。

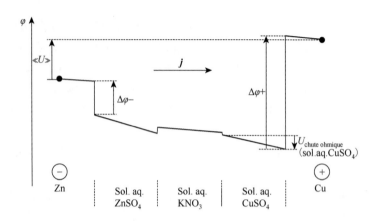

图 F.4　丹尼尔电化学电池内部的电势情况(Lefrou et al., 2012, P. 73)。U 是电极之间的电势差，$\Delta\varphi^-$ 和 $\Delta\varphi^+$ 代表两个电极和液体之间的电势降。j 是电流密度

　　表 F.1 总结了涉及的问题以及提出它们或者可能回答它们需要的先验知识和教育水平。

表 F.1　关于电池内部电荷循环常见文本涉及的问题和知识要素

问我们自己的问题	中学毕业时需要[a]并可获得的知识要素	大学毕业前需要[a]并可获得的先验知识要素[a]
		E 电场
		V 电势
电荷在电池内部沿哪个方向移动？为什么？	正电荷被负电荷吸引，反之亦然	在有电场 E 的地方，正(负)电荷受到沿着(逆着)电场方向的力。在导体中，此处电流密度为 $j = \sigma E$
		沿着电场线，电场指向电势降低的方向
		氧化电位
		$E = -\nabla V$

教学仪式：在闭合电路中，基于电极对电荷的吸引/排斥的推理被用来解释电池外部发生的情况，在电池内部这个推理被抛弃了
在这种情况下，主导或曾经主导电池内部发生的事的解释的是：
——一个电动势场
——所起作用的氧化还原对的数值

[a] 需要：至少提出问题，以及尽可能回答它。

参 考 文 献

Academy of Bordeaux. http://webetab.ac-bordeaux.fr/Pedagogie/Physique/Physico/Electro/e02coura.htm.

Academy of Nancy. http://www4.ac-nancy-metz.fr/clg-cassin-eloyes/Disciplines/Site_physique_chimie/Troisieme/Chapitre_C3/

courant_ion.html.

Bruhat，G.(1963). Electricité，p. 251 and fig. 17，Paris：Masson & Cie.

Chabay，R. W.，& Sherwood，B. A.(2006). Restructuring the introductory electricity and magnetism course. American Journal of Physics，74，329-336.

Lefrou C.，Fabry，P.，& Poignet，J. -C.(2012). Electrochemistry the basics，with examples. Berlin/Heidelberg：Springer-Verlag(fig. 2.11，p. 73).

附录 G：毛细上升和"提升"液体的力

本附录详细介绍了毛细现象所涉及的典型平衡分析带来的问题，并提供了更令人满意的解释。

图 G.1 展示了对毛细上升(往往是玻璃管中的水)现象分析并计算气体(G)下液体(L)和固体(S)间夹角 θ 的一种常见模式。

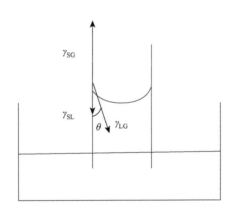

图 G.1　有气体(G)的情况下的毛细上升和液体(L)、固体(S)之间的夹角；其中 γ_{LG}、γ_{SG} 和 γ_{SL} 分别是液体/气体、固体/气体和固体/液体间的表面张力，θ 是接触角

系数 γ_{LG}、γ_{SL} 和 γ_{SG} 分别指对应的界面上单位长度受的力。Thomas Young 在 1805 年建立了联系这些系数和接触角 θ 的公式：

$$\gamma_{LG}\cos\theta + \gamma_{SL} - \gamma_{SG} = 0$$

Gibbs 在 1878 年提出了解决这个问题的一个热力学方法。在这个方法中，这些系数的意义是恒温下，界面上单位面积的自由能。平衡态对应于自由能的极小值，因此，它对应于接触线的无穷小位移对其变化的影响值。我们现在可以对每个界面，将 γdS 型的项翻译为力 $\gamma d\boldsymbol{l}_1$ 沿着位移 $d\boldsymbol{l}_2$ 对平面 $d\boldsymbol{S} = d\boldsymbol{l}_1 \times d\boldsymbol{l}_2$ 所做的功。然后，接触线的一个线元做垂直位移导致的单位面积自由能的变化抵消，也就是自由能变化的 $-\gamma_{LG}\cos\theta d l_1$，$-\gamma_{SL}d l_1$ 和 $\gamma_{SG}d l_1$ 的和为零，由此得到上文公式。

得到的关系代表了垂直方向的力的平衡，如图 G.1 所示，但从这个角度来看，水平方向又会有问题。

此外，无法将这些"力"与高出水槽中液面的水柱的高度联系起来。事实上，只考虑两个力(图 G.2，参见 Viennot，2015)就能够计算液柱的高度，与面向中学低年级物理教师的一本普及读物中的注解相符："提升液体的力是 $\gamma_{SG} - \gamma_{SL}$。"(Quéré，2001，P. 158)

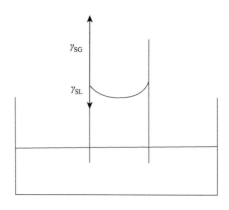

提升液体的力是$\gamma_{SG}-\gamma_{SL}$

图 G.2　对于毛细上升现象的常见解释

最后，有些作者(Berry，1971；Brown，1974；Das et al.，2011；Marchand et al.，2011)质疑这些解释中涉及的力的性质——常常被定性为"虚构的"——包括它们似乎常常"作用"在一条非物质的线上。他们从界面周围的局部作用力角度分析分子相互作用及其后果，涉及的分子典型厚度为二或三层分子。沉积在水平支撑物上的水滴或汞滴的穹顶状外形直观地证明了这些相互作用和相关表面张力的真实性。但是，从此处到理解这些相互作用对表面切向的影响，还差重要的一步。

总结上文描述(图 G.1 和图 G.2)的不足之处，至少有以下四点。

①看上去是力平衡但水平方向并不平衡。

②这些"力"似乎作用在线(维度为 1)上，而不是在质量不为零的特定物体上。

③文本没有提供一种方法来计算平衡时容器中水面以上的水柱高度。

④由于对称性(Das et al.，2011；Marchand et al.，2011)，光环的垂直玻璃壁只能在水平方向吸引水分子。因此，涉及这样的玻璃壁的力不能垂直提升液体。

解决这些难题的方法之一是建立一个关于弯月面上方的液体角、管中剩余液体、容器中剩余液体和垂直玻璃壁的错位图(图 G.3)。考虑到液体角的受力平衡，单位长度上气体/液体/玻璃截面的力的大小如下。

玻璃和液体角之间的吸引力，水平：$\gamma_{LG}\sin\theta$

液体角和管中其余液体之间的排斥力，垂直：$\gamma_{SG}-\gamma_{SL}=\gamma_{LG}\cos\theta$

水和水之间的吸引力，沿着水的自由液面方向：γ_{LG}（垂直分量：$\gamma_{LG}\cos\theta$，水平分量：$\gamma_{LG}\sin\theta$）

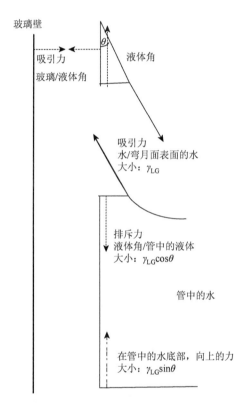

图 G.3　毛细上升：关于物体（液体角、玻璃和管中的水）的"错位"图，由水、玻璃和空气（垂直于图片之间）的接触线定义。唯一完整的自由物体受力分析（单位接触线长度）是对于液体角的。液体角的重量相对于其他忽略不计，液柱的重量 P，没有展示出来（对于高度为 h 的液柱，$P=\rho_{wat}\pi r_{tube}^{2}hg=\gamma_{LG}\cos\theta2\pi r_{tube}$），管中的水和玻璃壁之间的排斥作用也没有显示。本图显示了液体角的受力平衡和垂直壁附近的水的超升。大气压的作用没有展现：它在各种物体的每一个外表面（即使是浸没的）施加了一个垂直力，而总体对牛顿平衡的贡献是零。

本图部分基于（Das et al.，2011）和（Marchand et al.，2011）

上文指出的表面的矛盾消失了。圆柱形管中的水的受力平衡意味着垂直力分量 $\gamma_{LG}\cos\theta\cdot2\pi r$ 与水的重力 $\rho_{wat}\pi r^{2}hg$ 相当（液体圆柱半径 r，高度 h，密度 ρ_{wat}）。

因此

$$h = 2\gamma_{LG}\cos\theta/(\rho_{wat}gr)$$

可以观察到，表面张力给定时，问题中的液柱高度反比于管的半径(朱林定律)。

检查第 4 章指出的悖论是特别有趣的。一个光滑和垂直的玻璃壁只能在垂直于壁的方向——此处就是水平方向——吸引水分子。那么，我们如何谈论一个"提升液体的力"？

事实上，这个困难源于对毛细上升成因的过于局部的分析。按照通常推理的习惯(第 3 章)，人们把注意力集中在明显移动的地方，即液柱顶端，并试图在同一位置寻找原因。因此，液体角的最上端常常被选为能够解释影响整个系统的能量变化的力存在的地方。但在这里没有力在拉扯液体。在液体角处，实际上有一个推力，这是由于液体分子受到水平方向的吸引力作用沿壁面挤压而产生的。这种分析使得我们能够理解，在这个压缩区域的另一端(此处是下端)必然会产生一种力(此处：向上)以一种方式或另一种来阻挡分子被压缩。我们可以想象一根管子向下伸到容器的底部，由容器来提供这个力。管的下部开口的不连续性也能够产生一个向上的力，因为上文提及的对称性不复存在。由此，当我们考虑了所有的垂直方向的力，无论是在底部还是顶部，包括重力，液体柱在垂直方向上受力平衡就不难理解了。

与离心机的类比

一个类比可以帮助我们理解这些分析要素(Viennot，2015)。考虑一个没有盖子的离心机(圆柱半径 R)，装了部分水并在旋转(角速度 ω)。在旋转参照系中，动态平衡意味着有一个水平方向的离心力。这种(惯性)力的角色与玻璃对水分子的吸引力相似，因为它将分子水平推向垂直壁，使它们堆积起来。自由液面呈抛物面的形状(图 G.4)。给定水的体积守恒，水的质心比静止时要高。在加速阶段，一个比重力更大的力需要施加在水体上。没有东西在上方吸引水，因此，它是被从下往上推动的。是容器的下方施加了额外的排斥力。当然，这一现象的规模与毛细上升的情况完全不同：转动的水的压缩涉及容器的很大一部分，而不只是几个分子直径厚度的区域。但解释的主要内容如下：由于与玻璃的水平作用而导致水分子堆积，底部对上方液体的支持力大于静止时。无论如何，从这个类比中我们可以清楚地看到，用向上拉液体的力分析离心机的情况是不协调的。

无论有没有类比，图 G.3 总结的分析解决了上文列出的四个主要批评论据指出的问题。人们或许希望这些批评意见能由那些尚未明确这一点的人表达出来，

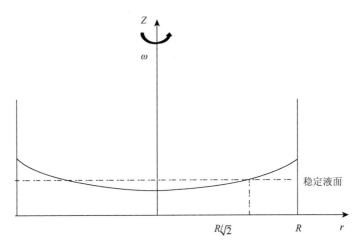

图 G.4　半径为 R 的圆柱形离心机在恒定角速度 ω 下旋转流体的动态平衡

但情况往往不是这样，甚至要差得远（Viennot and Décamp，2018）。即使在理解了这一现象和错位图的解释价值之后，质疑图 G.1 仍有很大阻力，如对一位在教育末期的未来教师的访谈显示的：

参与者：(……)这里(在图 G.1 上)，这里有三个从三者的接触点触发的力，呃，所以，呃，这是与力学不同的地方。

访谈者：你介意它不同吗？

参与者：不，我不是特别震惊。

访谈者：你不震惊，好的。你告诉我这和力学不同，但这没有关系？

参与者：不，我不介意。

访谈者：你愿意接受毛细现象有一种特殊的逻辑，而不是力学的逻辑？

参与者：是的，我不会介意。

访谈者：好的，那么会有一种只适用于毛细现象的平衡？

参与者：也许，也许。

当没有察觉到一致性的重要性时，教学者可能发现鼓励批判是困难的。与之相反，当这个重要性被察觉到并被合理实现时，就会有漂亮的满足的评论。

访谈者：(图 G.4 比图 G.1)更复杂，你要承认。

参与者：不！

访谈者：不？

参与者：事情多了，并不意味着就更复杂了(……)不，不是说我们理解得更透彻就更复杂了。

　　表 G.1 总结了涉及的问题以及提出它们或者可能回答它们需要的先验知识和教育水平。

表 G.1　关于毛细上升常见文本涉及的问题和知识要素

问我们自己的问题	中学毕业时需要[a]并可获得的知识要素	在大学毕业前需要[a]并可获得的先验知识要素
如果图 G.1 被解释为受力分析，为什么水平方向的受力不平衡？	受力分析 牛顿第二定律 此处，无法把这张图解释为平衡的受力分析	
如果图 G.1 和图 G.2 被解释为受力分析，这些考虑的力是施加在什么系统上的？	受力分析 牛顿第二定律 此处，将这些图解释为作用于(质量)系统的力是有问题的。常用术语"界面"暗示了一条非物质的线。应该指明这些图涉及了哪些分子	
如果图 G.1 和图 G.2 被解释为受力分析，它们如何解释管中的液柱的存在？	受力分析 牛顿第二定律 此处，将两张图解释为证明液柱的存在是有问题的，因为没有说明这些力作用在什么系统上	
玻璃壁(各向同性、光滑、垂直的圆柱)如何对水分子施加一个除了水平方向以外的力？	如果这些(单位接触线长度的)力被认为是施加在水的自由液面上，我们会观察到： 一图 G.2 看上去在垂直方向受力平衡但没有提及涉及的水的重力 一图 G.2 只剩下两个力(为什么？)，可以被理解为某物向上提升水；这样就足够加上液柱的重力 但是，玻璃壁(各向同性、光滑、垂直的圆柱)只能对水分子施加水平的力	回答这些问题的方法如图 G.3 所示。单位长度接触线上的力称为表面张力，涉及每个相互作用的物体的表面附近大约几个分子厚的区域内的分子
和开放离心机(图 G.4)的对比怎么帮助阐明毛细上升问题？	受力分析 牛顿第二定律 对离心机内发生的事的直观感受，让我们能够了解到这样一个事实：边缘的水上升但并没有力在表面上提升它。它是被从下边推动的 在平面水平环形运动中的加速度 外壁对质量为 dm 的流体元素施加的力和其反作用力的表达式 ($df = -dm\,\omega^2 r$) 是不需要的。了解到流体元素的加速度是水平的，因此壁和液体之间的力也是水平的就足够了	

[a] 需要：至少提出问题，以及尽可能回答它。

参 考 文 献

Berry，M. V.(1971). The molecular mechanism of surface tension. Physics Education，6，79-84.

Brown，R. C.(1974). The surface tension of liquids. Contemporary Physics，15(4)，301-327.

Das，S. Marchand，A.，Andreotti，B.，& Snoeijer，J. H.(2011). Elastic deformation due to tangential capillary forces. Physics of Fluids，23，072006.

Marchand，A.，Weijs，J. H.，Snoeijer，J. H. & Andreotti，B.(2011). Why is surface tension parallel to the interface. American Journal of Physics，999-1008.

Quéré，D.(2001). Bulles gouttes et perles liquides, In D. Jasmin，J. M. Bouchard，et P. Léna(Eds.)，Graines de science 3(pp. 145-165). Paris：Le Pommier.

Viennot，L.(2015). Ascension capillaire Quand le verre semble "hisser" le liquide. Bulletin de l'Union des Physiciens，977，1201-1212.

Viennot，L.，& Décamp，N.(2018). The transition towards critique：Discussing capillary ascension with beginning teachers. European Journal of Physics，39，045704. https://doi.org/10.1088/1361-6404/aab33f.

Young，T.(1805). An essay on the cohesion of fluids. Philosophical Transactions of the Royal Society of London，n°95，65-87.

附录 H：应该盖救生毯的哪一面？

每个人都知道救生毯可以帮助抵御寒冷。通常，它是一条超细(13 微米)聚酯薄膜，一面覆银，一面覆金。这些产品通常推荐的用法是将银色的一面朝向自己，以抵御寒冷(如果你需要在高温中保护自己，银的一面朝外)。理由是，银的一面有更好的反射性，因此会将更多"热量"(正如人们常说的那样)反射回有低温症风险的人。事实上，对这个有疑问的情形的物理分析(Viennot and Décamp，2016)并不能明显给出这个选择。对于一个不透明的物体，更多的反射意味着更少的吸收并因此有更少的辐射(表 H.1)。从图 H.1 所示的实验中不难看出，银面的发射率比金面低，这意味着银面的反射率比金面高。有人可能疑惑：对于只有一面是银的毯子，把银面朝里不是会导致更多的能量由于金面向外辐射而损失吗？这是一个两难困境。

表 H.1　建模辐射导致的能量传递(Griffiths，1999；Besson，2009)

对于入射的辐射 R，其谱辐照度为 $E_e(\nu)$，总辐照度(垂直于 R 的单位面积接受的能量)为 $E_e = \int_0^\infty E_e(\nu)\mathrm{d}\nu$，垂直于 R 的单位面积吸收的能量为 $\int_0^\infty a(\nu)E_e(\nu)\mathrm{d}\nu = a_r E_e$，其中 a_r 是对所有辐射 R 的整体吸收率,等于不同频率的吸收率 $a(\nu)$ 以 $E_e(\nu)$ 为权的平均。

一个具有绝对温度 T 的物体单位面积发射的总能量,或称为辐射输出 $M_e(T)$，通过以下公式与处于相同绝对温度的黑体的辐射输出相联系：

续表

$$M_e(T) = \int_0^\infty e(\nu) M_e^\circ(T,\nu) \mathrm{d}\nu = e_t M_e^\circ(T) = e_t \sigma T^4$$

σ 是斯特藩常量，$M_e^\circ(T,\nu)$ 是处于绝对温度 T 的黑体的谱辐射输出。整体辐射率 e_t 定义为一个处于绝对温度 T 的总输出能量与相同温度的黑体的输出的比值。e_t 等于不同频率的辐射率的以 $M_e^\circ(T,\nu)$ 为权的平均。

对于所有的 ν，$a(\nu) = e(\nu)$；这些系数随频率变化巨大。

黑体：对于所有的 ν，$a(\nu) = e(\nu) = 1$，并且 $M_e^\circ(T) = \sigma T^4$。

图 H.1　不同材料的样本贴在装满沸水的金属壶上：市面上能买到的红外辐射计显示的温度差异很大（救生毯，银面：27℃；半透明胶带：95℃；黑胶带：96℃；救生毯，金面：38℃）。辐射计显示的是目标物体单位面积发射的能量，相当于黑体辐射的温度。实际上，对于任意处于特定温度的物体，辐射计显示的温度总是低于物体的实际温度，并且物体的辐射率越高，显示的温度越高

因此，理解这种物理现象的第一步就是它并非是显而易见的。对于学习末期的教师(硕士学位 MEEF2，Viennot and Décamp，ibid.)的实验表明，在"红十字"印章的使用说明的强化下，他们很难与通常想法保持距离。如上文所示，七名参与者中有一名能使用图 H.1 中的经验毫不迟疑地质疑自己最初的想法，即使他们对所涉及的能量传递知之甚少(如第 5 章中定义的"早期批判")。

为了更进一步，我们可以提出一个简单的模型，区分三个物体，即需要保护的人、救生毯和外部空气，每个都被视为具有单一温度(分别是 T_p、T_s 和 T_e)。在这些物体之间，设想的净能量传递有两种形式：传导-对流(系数 C)和辐射(系数 A)；这些同时发生。我们考虑没有太阳光直接照射到需要保护的人身上的情形。在线性近似下，向外部的能量流写为：

$$\Phi = (C' + A')(T_p - T_s) = (C + A)(T_s - T_e)$$

其中系数 C' 和 A' 与人和毯子之间的区域相联系，而系数 C 和 A 与毯子和外部

空气之间的区域(边界层)相联系。标为 A_a 和 A_o 的辐射系数分别对应银或金朝外的情形。

　　所有的传递关系(在此处就是能量传递)都与图 H.2 所示的根据电势差(此处与温度差相对应)描述电路中电荷流动(电流)的关系类似。由此,这就是一个比较"银朝外"和"金朝外"的对应传导系数(G:对应电阻的倒数)的问题。

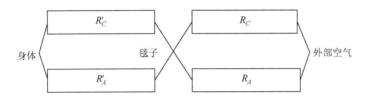

图 H.2　将一个需要保护的人和外部环境之间的能量传递类比为电路

　　一种方法就是检查它们的差:

$$G_a - G_o = \frac{(C' + A_o)(C + A_a)}{C' + A_o + C + A_a} - \frac{(C' + A_a)(C + A_o)}{C' + A_a + C + A_o}$$

$$G_a - G_o = \frac{(C - C')(A_o - A_a)}{C' + A_o + C + A_a}$$

　　如果 $C = C'$,即如果毯子两面的传导-对流传递系数相等,则差为零。那么毯子的方向对传输就没有影响。如果 $C \neq C'$,因为 $A_o > A_a$, $G_a - G_o$ 的符号与 $C - C'$ 相同。实际上,在倾向于传导-对流导致高能量传递的情况($C' < C$,有风雨的情形, $G_o < G_a$)下,有必要将金面朝外。在其他情况($C' > C$,干燥和无风环境, $G_o > G_a$)下,银面必须朝外(图 H.3)。

图 H.3　抵御寒冷的最优选择取决于天气

表 H.2 总结了涉及的问题以及提出它们或者可能回答它们需要的先验知识和教育水平。

表 H.2　关于救生毯常见文本涉及的问题和知识要素

问我们自己的问题	中学毕业时需要[a]并可获得的知识要素	大学毕业前需要[a]并可获得的先验知识要素
	作为第一种方法：	
很明显，你必须把救生毯银色的一面朝向自己，以抵御寒冷？	银的一面反射更多的辐射（"热量"）到身体（并且辐射更少），但金的一面向外辐射更多（反射更少）	
	此处，当只有一面是银时，需要找到最佳的折中方案，既能更好地向自身反射热辐射，又能向外辐射更多，或者既能减少向自身反射热辐射，又能减少向外辐射	
		辐射中物体的行为。反射系数，r；透射系数（对于透明物体为 0），t；吸收系数，a
当只有一面是银时，如何找到最佳折中方案？	电势（此处：温度差）与电阻（此处：热阻）和电流（此处：热流）之间的关系	物体的辐射
		Box 9
	串联和并联电阻的等效阻值	文本中展示的模型和它的电学类比以解决两难困境

常见观点：为了抵御寒冷，你需要将毯子银的一面朝向自己，因为这样能最好地将"热量"反射回身体。这个推理忽视了金的一面向外辐射能量这一现象。

[a]需要：至少提出问题，以及尽可能回答它。

参 考 文 献

Besson，U.(2009). Paradoxes of thermal radiation. European Journal of Physics，30，995-1007.

Griffiths，D. J.(1999). Introduction to electrodynamics(3ᵉ éd.). Upper Saddle River：Prentice-Hall.

Viennot，L.，& Décamp，N.(2016). Co-development of conceptual understanding and critical attitude: Toward a systemic analysis of the survival blanket. European Journal of Physics，37(1)，015702.

附录 I：水压和渗透作用

关于渗透作用的基本知识

渗透现象的一个原型包含两个容器，中间被半透膜隔开，即一种允许溶剂（从两个方向）通过但不允许溶剂中溶解的溶质通过的膜。通常，渗透发生在不同浓度的溶液在半透膜两侧接触时，如图 I.1 所示（半透膜位于 U 形管的底部）。

图 I.1　关于渗透平衡的一种情况的图片：小圆圈代表溶质，在膜的两侧以不同的浓度溶解在溶液（在两侧只显示出高度不同）中

当一个与溶质相关的量，在此处是"溶液中溶质的化学势"在膜的两侧有相同的值时，就达到了平衡。问题中的化学势依赖于温度、压强和浓度（Diu et al., 1989，PP. 408-410）。因此，在如图 I.2 所示的 U 形管的（等温）平衡的情形中，有两种可能的情况：要么两侧溶质的浓度和液面的高度都相等，要么都不相等。除了前面提到的对图示提出异议的理由外，这将是一个正式挑战图 I.2 的形式上的论据，其中提出了一种两侧浓度相等而高度不等的平衡。

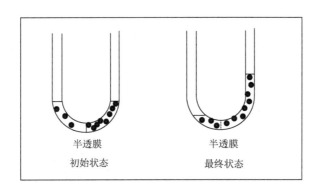

图 I.2　图 4.1 的重复，这是一种经常被观察到的（尤其是在维基百科上）介绍渗透现象的绘图。它表明在平衡态下，膜两侧的溶质浓度是相同的

有人可能会认为，一旦接受了上一段的内容之后，问题就解决了。那么在这个问题上的普遍误解就不应该存在了。这些误解包括已经在第 4 章讨论过的——平衡时的两侧溶质浓度应该相等——但这并不是唯一的误解（Viennot and Décamp，2016）。

这些误解在已经接受过关于渗透的课程的学生中长期存在，这促使我们去探究可能在渗透方面存在理解困难的人群对液体压强这个概念的理解程度。

水压

很有可能，关于渗透作用的常见错误很可能是由于对液体在保持液态情况下发生变化所持的完全不恰当的观点造成的。为了简化，我们现在把水视为一种典型溶剂。

有些读者可能已经在疑惑，如果水不经历相变的话，它内部还有什么能够改变的呢？但是，这就是渗透现象所涉及的：在有溶质的情况下，水的化学势改变它们在膜的两侧相等的情况。渗透涉及水的物理运动，同时这里可能有非常大的压强差。

因此，重新考虑液体中的压强是什么这个问题可能是有帮助的。让我们从纯水开始。

简单来说，我们知道纯水的温度和压强也可以改变。但是水内部发生了什么？这个问题的重点在于它让我们开始用和学校中不同的方法来考虑分子间作用力，也就是理想气体中不应存在的力。事实上，这些作用力对于液体内部的压强有着决定性的作用。让我们想象我们像考虑理想气体一样考虑正处在液面下的水的压强，也就是说，考虑当一个粒子与墙壁碰撞时，使其朝相反方向运动的力完全来自墙壁。然后我们就会发现这个称为"动力学的"压强，其大小是 $p_{kin} = NkT / V$（其中，p：压强，N：分子数，k：玻尔兹曼常量，T：绝对温度）。

但这个值太大了，因为水的单位体积内分子数 N / V，是液面上方的气体的大约一千倍，而气体的压强是由相同的公式计算的。

事实上，液体分子之间主要的吸引力相互作用会"反向"参与撞墙的分子运动，也就是说液体中的分子会"拉"住那些撞墙的分子。这等价于一个负的相互作用压强 p_{int}。

因此，液体中的压强写为 $p = p_{kin} - |p_{int}|$。

如果水上方的压强是大气压，那么在水中这个差的两项都大约是大气压的一千倍，而这个差等于大气压。这显示出了水中的分子间作用力的重要性。

在对教师培训末期的未来教师的访谈中问到的一个问题表明，这些观点对他们来说是多么新鲜（Viennot and Décamp，ibid.）。尽管他们知道这些作用力的存在，但他们无法轻易想象，当把一杯水从海平面等温移动到勃朗峰顶时，这些作用力的变化起了决定作用。无论如何，在我们采纳 Valentin（1983）对于气液相变中发生什么的观点之前必须三思："（……）分子有如此低的平均动能，以至于它们无法再承受彼此施加的电磁吸引力。"因为除了表面张力产生的区域（液面下几个分子直径厚：参见 Berry，1971；Brown，1974），水中的压强保持为正，因此动能项比相互作用项要大。

表 I.1 总结了涉及的问题以及提出它们或者可能回答它们需要的先验知识和教育水平。

表 I.1　关于渗透效应的常见文本涉及的问题和知识要素

问我们自己的问题	中学毕业时需要[a]并可获得的知识要素	大学毕业前需要[a]并可获得的先验知识要素
U 形管中的溶液如何能在两种情况下保持平衡,一种为相同的浓度和相同的高度,而另一种为相同的浓度和不同的高度?	溶液的概念 浓度的概念 半透膜的概念,它的性质关于两边的对称性 关于平面的对称性 此处,第二种情况(相同的浓度而一侧液柱更高)被声称是可能的,从对称性的角度来看很令人惊讶	静水压随高度的变化。U 形管中的牛顿受力平衡 此处,第二种情况(相同的浓度而一侧液柱更高)被声称是可能的,这与牛顿第二定律相矛盾
根据所述的规则,如果 U 形管的一支装纯溶剂,另一支为溶液,会发生什么?	溶液的概念 浓度的概念 半透膜的概念 此处,根据所述的规则,纯溶剂将无限向溶液一侧渗透,这从能量的角度看是可疑的	
当有溶质时,溶剂的化学势依赖于什么变量?		溶剂中有溶质时的化学势 μ 决定了渗透平衡。膜两侧的这个量必须相等。对于一个给定的溶剂,这个量依赖于绝对温度 T、压强 p 和分子浓度 C。知道小分子稀薄溶液中的表达式 $\mu(T,p,C)=\mu_0(T,p)-CkT$[$\mu_0(T,p)$ 表示纯溶剂的化学势,k 表示玻尔兹曼常量]不是必需的。因此在给定的温度达到平衡时,要么两侧的压强和浓度都相等,要么都不相等
液体中的压强是什么?为什么在界面处达到热力学平衡时,液体和它的蒸气压强相等,而液相的密度大约是气相的一千倍?	液体中的压强,联系到施加到墙面和压强计上的垂直力 由于分子在墙上碰撞导致的压强 这些碰撞的效果依赖于温度和密度。如果只有墙施加反作用力,平衡时的压强为 $p_{kin}=NkT/V$	分子间作用力减小了分子与墙碰撞的效应并在液体平衡态压强的计算中引入一个新的项 $-|p_{int}|$ $p=NkT/V-|p_{int}|$ 计算这个项并不容易。为了给出对于渗透现象的解析描述,有必要使用溶剂在有溶质情况下的化学势

[a] 需要:至少提出问题,以及尽可能回答它。

参 考 文 献

Berry，M. V.(1971). The molecular mechanism of surface tension. Physics Education，6，79-84.

Brown，R. C.(1974). The surface tension of liquids. Contemporary Physics，15(4)，301-327.

Diu，B.，Roulet，B.，Lederer，D.，& Guthmann，C.(1989). Mécanique Statistique. Paris：Hermann.

Valentin，L.(1983). L'univers mécanique. Paris：Hermann.

Viennot，L.，& Décamp，N. (2016). Conceptual and critical development in student teachers：First steps towards an integrated comprehension of osmosis. International Journal of Science Education，38(14)，2197-2219.

附录 J：可被用在批判性教育中的文本库

本附录提供了一个可以被用作不同层次的批判性分析教育素材的文本库。表 J.1 第二列列出了本书中关于这些素材的分析或者评论的索引，第三列列出了基于"缺陷类型"的分类——质疑一个解释的原因——以及/或"风险因素"——对读者或听众的可预见影响保持警惕的理由。还请注意，在第三列中，错误类型"逻辑不完备"和风险因素"忽视的变量——或者现象"之间的频繁联系，这种情况往往与"滥用泛化"有关。这与附录 A 中的评论一致，也呼应了 Duhem 的"逻辑不可能"(P. 60)：实验中得出的结论常常面临着忽略与所研究的现象相关的变量的风险。

在风险因素中，"故事性"或者"线性因果"对我们来说就是"回声解释"型的，因为它采用了通常推理的典型结构。为了避免重复，表中只列出了其他类型的回声解释。无论如何，我们提出的分类是可以讨论的，我们首要的兴趣在于吸引训练者和/或受训者对需要澄清的内容的注意。

表 J.1　可被用在批判性教育中的文本库

讨论的主题及可能的"文本" / 文献类型	本书中的引用	缺陷类型 / 风险因素类型
两个连续的陈述，被整个班级验证：①你可以用救生毯在寒冷中保护自己(对于热传导的辩论和操作导致了陈述2)；②你不能用铝在寒冷中保护自己 **大学课程，介绍性视频 DVD**	第 10 页；附录 B	明显的内部不一致伴有滥用泛化：在陈述 2 中，铝的辐射特性被忽视了 **只考虑并实验验证了一个变量：热传导**
毛细上升和气液界面的压强差："(……)近邻弯月面下方的压强比上方的大气压高。这种不平衡解释了液柱的上升(……)"进一步："管子的直径越小，弯月面曲率越大(……)：根据拉普拉斯-杨定律，管中水的凹陷程度就越大。" **流行文本**	第 11 页；附录 F	明显的内部不一致：弯月面下的压强先后被声称为"高于"和"低于"("水的凹陷程度更大") **大气压** **两端线性因果解释(一个原因，一个结果)：第一个是用推力来解释水的上升，第二个是弯月面吸引更多水(因此更弯曲了)产生更大的凹陷……**
"反作用力无法再平衡作用力" **学校课本**	第 12 页	明显地与牛顿第三定律相违背 **搞混了(对一个系统)参与力平衡的力与(两个系统间的)相互作用力**
"骑车人施加给自行车的力 F 与 v (自行车速度)的方向相同" **科学课本练习题(12 年级)**	第 13 页	与定律的间接矛盾：根据牛顿第三定律，骑车人会被向后推，并从车上掉下来 **混淆了导致车动起来的人和施加在自行车-骑车人系统上的外力**
放射性碳测年：$[^{14}C/^{12}C]$在大气中浓度的比例是不随时间变化的 **网络文献**	第 15 页；附录 C	逻辑不完备：如何解释$[^{14}C/^{12}C]$在大气中浓度的比例是不随时间变化的，当我们刚说过放射性碳会自发解离？ **没有提及大气中其他成分的可能参与，以与衰变相同的速率产生放射性碳**

续表

讨论的主题及可能的"文本" 文献类型	本书中的引用	缺陷类型 风险因素类型
"在透明介质，例如玻璃中，光传播得更慢，因为它的折射率比空气大" 流行文本	第 15 页	逻辑不完备：这是同义反复，因为折射率 n 就定义为 $n = c/v$，其中 c 和 v 分别定义为真空中和介质中的光速
"当水中的气体遇到澄清石灰水时，石灰水变浑浊。澄清石灰水遇二氧化碳变浑浊。因此，气泡水中的气体是二氧化碳。" 当前学校采用	第 15 页	逻辑不完备：没有考虑到可能有其他原因产生相同的效果 只考虑了一个原因
通过圆柱形流管展示伯努利定理 以培训为目的的科普	附录 D	与定律的间接矛盾：对于稳定状态的不可压缩流体，沿着圆柱形流管不可能有加速度
密度比水大的物体不会漂浮 当前表述	第 16 页	逻辑不完备和过度泛化 只考虑了一个变量：决定阿基米德浮力的(除了水的密度)是排开水的体积。这不止依赖于物体的密度，还依赖于物体的形状和它浸入水中的方式(如船的例子)
在温室里，进入的能量比离开的能量多 常见观点，常见表述	第 17 页	与思想实验不符：这种状态无法持续 隐含故事性的解释(我们跟随着辐射的冒险)。没有区分暂时状态和持续状态，隐含集中在暂时状态
"在气体中，分子间的碰撞产生热量" 常见观点	第 17 页	与思想实验不符：在绝热的房间里这个过程无法持续 隐含故事性的解释：在长期过程中没有设想持续状态 实体的指定："热量"的含义
为了节省能量，最好将防冻保护设定在10℃而不是 4℃，因为要考虑当你返回时加热需要的能量 常见观点	第 18 页	与思想实验不符；考虑在一个漫长的冬天离很长时间，室内温度 10℃时散失到外部的热量显然比 4℃时要多 隐含故事性的解释：集中在一个暂时状态
考虑将一个穿孔的水瓶放在水平支撑面上。在支撑面上的射程最远的水流是在最低的孔中射出的 许多文档	第 18 页； 附录 E	逻辑不完备 与思想实验不符：在极限情况下，在支撑面的位置开一个孔 只考虑了一个因素：水流下落时间被忽略了
闭合电路中的电池：导线中的电场是由电池两极上的电荷引起的 常见观点	第 20 页； 附录 F	与定律的间接矛盾：导线不一定是偶极子的电场线那样的豆形 忽略了这个场景的一个因素：导线的表面电荷
"(……)电路中的自由电子会被电池的正极吸引而被负极排斥。它们在电池外从负极流向正极" 常见解释	第 20 页	与定律的间接矛盾：电池内部和外部遵守的物理定律似乎不同 在没有说明电池内部的电动势的情况下，有可能认为负电荷，阴离子，并不受与局域电场方向相反的力的作用
"Lavoisier 进行的展示空气组成的实验" 当前学校展示	第 23 页	逻辑不完备 只考虑了一个变量：在汞氧化之后，罩子下除了氮气还可能有一种或几种其他气体 结论的准确性：Lavoisier 发现了大致正确的结果(我们现在知道空气中还有较小比例的其他气体)

续表

讨论的主题及可能的"文本"	本书中的引用	缺陷类型
文献类型		风险因素类型
等压热气球 **在学校和大学练习中常见**	第 24 页 第 35 页	与流体静力学定律的直接矛盾 结论的准确性：依据这个假设和阿基米德定律，我们可以找到一个非常容易接受的起飞所需的温度值 "小"被等同为"零"：气压随着高度的变化非常小，但对于浮空是必需的
"对于一个特定的高度差，只有一个波长能够到达观测者的眼睛" **大学教科书**	第 26 页	实体的指定：简化和概念的物质化（"只有一个波长能够到达观测者的眼睛"）
"压强是作用在特定面积上的作用力" **科普书籍**	第 26 页	实体的指定：简化（压强是一个力……）涉及两个不具有相同量纲（单位）的量
"红色颜料吸收（所有）绿光" **学校教科书中的常见用法**	第 27 页	当我们考虑"所有绿光"时：与思想（真实）实验不符全有或全无。事实上，即使扩散系数很小，一种颜料受到强烈的单色光照射时也会漫反射足够的光，使得照射区域呈现光的颜色
"液态水不可压缩" **学校教科书中的常见用法**	第 28 页	与思想实验不符（如果在微观尺度水中一切都不变，压强怎么会变化？），与测量也不符 "小"被等同为"零"： 水的绝热压缩系数不是零： $\chi_T = -(1/V)(\Delta V/\Delta p)_T = 4.4 \times 10^{-10}\,\mathrm{Pa}^{-1}$ 事实上在水下 200 米，一升水体积会比海平面小一立方厘米（的量级）
"没有大气的情况下"……平流层的气球 **为学校（10 年级）准备的科学期刊文章**	第 28 页	与流体静力学定律的直接矛盾 与思想实验不符：你不能在没有周围流体的情况下悬浮。40 千米高度的气压很低但对气球浮空是必需的 "小"被等同为"零"
帕斯卡展示了真空的存在（通过将装满汞的管子倒插到容器中） **当前学校文档中的表示**	第 29 页	逻辑不完备：管的上部可能有看不见的物质存在；没有提到汞蒸气 "小"被等同为"零"
从库鲁发射火箭的有趣之处 **学校教科书（9 年级）**	第 29 页	逻辑不完备 只考虑了一个因素：到地心的距离。还应该有（并且确实有）另一个共同作用的因素：地球的自转 事实陈述的准确性
我们如何解释某些星球上没有大气层的现象？文本暗示说 g 的值较小是这个现象的原因 **学校教科书（9 年级）**	第 29 页	逻辑不完备 只考虑了一个因素：较小的 g 值。还可能有其他共同作用的因素（例如，更高的温度值） 事实陈述的准确性
漂浮的风力发电机：平台的中空结构设计利用阿基米德浮力提供支撑 **电台广播**	第 30 页	与流体静力学定律的直接矛盾：事实上，只要有浸入，就有阿基米德浮力 两个因素（漂浮中涉及的因素：重量、浮力）的效果只被归结为一个因素：浮力。然而，没有掏空而沉到底部的平台所受的浮力要比掏空而漂浮的同样大小的平台要大

续表

讨论的主题及可能的"文本"	本书中的引用	缺陷类型
文献类型		风险因素类型
装满水的试管倒置在装满水的水槽上："是什么将水柱提升了2米？是大气压在推动容器中的水。试管里没有空气，也就没有对水施加大气压。" **玛丽·居里给儿童们的课程**	第31页	与定律的间接矛盾：施加在容器中的水上的大气压产生的向上的力是水柱重力的大约五倍 只设想了一个因素和一个位置（液柱的底部）而实际上在液柱顶部和试管之间有一个排斥力 回声解释：液柱的质量等于液柱对支撑物（水槽中的水）的力，这是错误的
地面无法给向前加速的行人一个向前的力，因为在同一时刻支撑点在向后运动 **关于物理学教育的期刊文章**	第32页	与定律的间接矛盾：行人的质心水平加速，因此行人至少要受到一个朝向加速方向的水平分量的力，而只有地面能提供这个力 回声解释：力总是应该朝向它的作用点移动的方向，这是不对的
两个连接的弹簧悬挂在天花板上，然后向下拉："底部的弹簧伸长，然后过一会之后，上一个也伸长" **学生（10年级）对于问卷调查的回答**	第34页	与定律的间接矛盾：在准静态分析中，弹簧两端的接触力有相同的大小 显性的故事式解释（线性因果）
在气体中"更少的分子"意味着"更小的压强" **一本科普书中的陈述**	第35页	逻辑不完备和过度泛化 压强被联系到单一因素上，温度被忽略了。注意在热气球中这里有"更少的分子"（相比于空气冷的时候）但是并没有"更小的压强" 回声解释：压强被视作压缩
"通过加热气体，压强被增大"或者"压缩气体（增大压强），温度升高"或者"加热气体，体积增大" **大学生们对问卷调查的回答**	第35页	逻辑不完备和过度泛化：其他变量也会影响压强的大小 在压强、体积和温度这三者中，每个变量都与其他两个项联系，这些陈述没有说明第三个变量如何
等压加热理想气体："温度升高，然后压强会增大，因此体积也会增大" **大学生们对问卷调查的回答**	第35页	明显的内部矛盾（见"压强会增大"而已经说明是"等压"加热） 显性的故事式解释（线性因果）
虹吸管 "虹吸管长端中的水流出，产生了真空，然后大气压使得虹吸管所在的容器中的水进入短端。" **玛丽·居里给儿童们的课程**	第36页	逻辑不完备：水的自由液面上都有相同的大气压，无论是在水槽中还是在向下的管子开口处，那么为什么大气压使得水"上升"而不是"下降"？ 显性的故事式解释（线性因果） 回声解释：一个向下开口的端口就一定会让水流出
"在珠穆朗玛峰顶（8848米），空气稀薄：地球的引力只有9.760 N/kg而不是海平面的9.811 N/kg" **学校教科书（9年级）**	第36页	逻辑不完备：即使"地球引力"是一个定值，空气也会变稀薄，另一方面，"地球引力"也不依赖于空气密度 回声解释（暗示密度变化和"地球引力"变化之间的不正确的联系） "："的暗示意味着事实陈述的准确性
一幅解释霍尔效应的图片：电子偏移然后又回到轴上 **法语维基百科上的图片**	第37页	与定律的间接矛盾：在稳定状态，电子不会有垂直于样本边缘的分速度 隐性的故事式解释（线性因果）

续表

讨论的主题及可能的"文本"	本书中的引用	缺陷类型
文献类型		风险因素类型
由于耗尽导致的物态变化 "通过降低温度，分子的平均动能变得太低，以至于无法抵抗彼此之间的电磁吸引力；它们开始凝结成液态，并最终变成固态" **大学教科书**	第 39 页； 附录 I	**显性的故事式解释**(线性因果) 暗示： **在热力学平衡时，液体中的平均分子动能(也)小于气体中** **因此有与物理定律相矛盾的风险：事实上，给定温度 T，达到平衡的两个态的平均动能相等** 隐喻性的语言 另外：如果分子无法抵抗吸引力，压强怎么会保持为正？
通过放大镜观察光束 **大学教科书中的图片**	第 41 页	现实主义对象征主义 回声解释(光是直接可见的)
太阳光束和视线 **大学教科书**	第 43 页	相似的符号用于不同的客体 回声解释
杨氏洞偏转光线 **当前学校或大学使用的图片**	第 44 页	相似的符号用于不同的客体(在洞之前和之后)对表征元素的选择 故事式解释(暗示：光线的旅程)
色合成 **常用的图片**	第 45 页	相似的符号用于不同的客体 对表征元素的过度选择 全有或全无
外星人和地球的大小 **提议用于学校(10 年级)的图片**	第 46 页	与定律的间接矛盾(当地球在如此远的距离时它在图片上的大小？) **图像结构和展示的比例**
"宇宙背景辐射，被宇宙在大约一百亿年前丢在路边，并在之后沐浴在星际空间而没有与物质相互作用(⋯⋯)它在 1964 年被两名寻找其他东西的射电天文学家偶然发现" **科普书籍**	第 47 页	明显的内部矛盾(探测到的辐射没有与物质发生相互作用) **显性的故事式解释** 隐喻风格
渗透导致膜两侧的溶质浓度相等而压强不等的平衡态："因为对于溶剂来说发生的事情就好像膜不存在一样，将出现不平衡态(⋯⋯)溶剂持续穿过膜直到建立新的平衡(最小自由能)，因此 A 和 B 中的浓度将相等。两边的液面将会不一样高(⋯⋯)因此将有一个压强差 $\Delta p = p_A - p_B$，这被称为渗透压" **大学教科书，维基百科上有类似图片** 半透膜 最终状态	第 51 页； 第 67 页； 附录 I	与定律的间接矛盾 与两个思想实验矛盾(从一边是纯水开始：将会得到纯水向溶液的无限移动；比较膜两边浓度和压强都相同的平衡态与文本描述的平衡态) 只考虑一个因素(一个变量) **显性的故事式解释**(图标问题可以被批判但不是必需的)

续表

讨论的主题及可能的"文本" 文献类型	本书中的引用	缺陷类型 风险因素类型
毛细上升和接触角："提升液体"的力 **教科书中常见的图片** γ_{SG} γ_{SL}　θ　γ_{LG}	第 68 页； 附录 G	与定律的间接矛盾 逻辑不完备(水平方向上的平衡呢？水柱的重量如何？) **结论的准确性** **考虑一个单独的(力所作用的)位置** 图式的过度选择(力作用在什么物体上？) 隐喻风格(力"提升"了液体)
为了在寒冷中用救生毯保护自己，必须将银的一面朝向自己来将热量反射回自己 **常见观点** **产品使用说明和网络文献**	第 66 页； 附录 B； 附录 H	逻辑不完备：毯子向外的辐射怎么办？ **显性的故事式解释，只设想了一个位置(身体和毯子之间，没有考虑毯子和外部)**
不幸的阿道克船长：小行星阿多尼斯吸引着他······ **埃尔热：奔向月球**	第 74 页	与定律的间接矛盾：为什么阿道克船长的轨迹会比引擎关闭的火箭偏差更大呢？